信息系统分析设计
实践实验指导书

张萌萌 罗爱民 张晓雪 编著
舒 振 陈洪辉 刘俊先

国防工业出版社

·北京·

内 容 简 介

本书立足于大型复杂信息系统的分析与设计，以信息系统的实践操作为主线，完整阐述了信息系统分析与设计的关键环节和实验过程，并通过国防动员业务信息系统为例展开详细介绍。鉴于信息系统的复杂性和体系性特点，本书主要从引言、基础实验、需求分析实验、体系结构设计实验、系统设计实验与方案验证评估实验 6 个方面展开叙述。本书共涵盖 4 个基础实验和 9 个综合实验，基于课程团队研发的"信息系统分析设计实践平台"，详细介绍了使用"信息系统分析设计实践平台"进行信息系统分析与设计的过程，提供了实践过程和案例，为类似实验的高效开展提供了支撑。

本书的目标是使读者掌握信息系统，特别是大型复杂信息系统分析与设计的关键环节，培养读者对信息系统的整体认知以及实践能力，使读者形成信息系统分析与设计的整体思维。本书可作为高等院校信息类专业信息系统分析与设计、管理信息系统的实验教材和课程设计指导用书，供高等院校相关课程的教师与学生，以及从事信息系统分析与设计工作的专业人员参考使用。

图书在版编目（CIP）数据

信息系统分析设计实践实验指导书/张萌萌等编著. —北京：国防工业出版社，2023.6
ISBN 978-7-118-12863-5

Ⅰ.①信… Ⅱ.①张… Ⅲ.①信息系统－系统设计－高等学校－教学参考资料 Ⅳ.①G202

中国国家版本馆 CIP 数据核字（2023）第 097017 号

※

国防工业出版社出版发行
（北京市海淀区紫竹院南路 23 号　邮政编码 100048）
北京虎彩文化传播有限公司印刷
新华书店经售

＊

开本 710×1000　1/16　插页 12　印张 11　字数 210 千字
2023 年 6 月第 1 版第 1 次印刷　印数 1—1000 册　定价 88.00 元

（本书如有印装错误，我社负责调换）

国防书店：（010）88540777　　书店传真：（010）88540776
发行业务：（010）88540717　　发行传真：（010）88540762

前　言

本书基于体系设计与体系工程理论，针对大型复杂信息系统的分析与设计问题，以该类信息系统的实践操作为主要目的，完整阐述了信息系统分析与设计的关键环节和实验过程，并结合研究团队开发的信息系统分析设计实践平台进行说明。

本书主要针对信息系统管理相关专业的学生与从业人员缺乏大型复杂信息系统的设计经验等问题，通过实践课程建立起该类信息系统的工程化思想和基本思路，掌握开发过程中用到的各类方法与工具，了解大型复杂信息系统的开发要点，为下一步投身真实系统开发打下思想、理论与方法的基础，提高解决实际系统建设的分析与设计能力。

本书可作为本科院校信息系统开发课程的教材，也适用于研究体系工程、企业架构、大型复杂信息系统分析与设计等领域的体系工程师或者系统工程师参考使用。

本书由国防科技大学的张萌萌、罗爱民、张晓雪、舒振、陈洪辉、刘俊先共同编写，本书在编写过程中得到了国防工业出版社的大力支持，笔者在此谨表谢意。

由于作者水平有限，书中难免存在不妥之处，请读者批评指正。

作　者

2023 年 1 月

目 录

第一章 引言 1
    一、实验教学的目的 1
    二、实验的理论基础 2
        1．大型复杂信息系统分析与设计的概念内涵 2
        2．大型复杂信息系统分析与设计的关键环节 3
    三、实验的组成与相互关系 5
    四、实验平台 6
        1．平台基本情况 6
        2．平台组成 6
    五、国防动员业务信息系统案例 10
    六、实验要求 11

第二章 基础实验 12
    实验一 基于 IDEF0 的功能建模 12
        1．实验目的 12
        2．实验内容和要求 12
            2.1 实验内容 12
            2.2 实验要求 12
        3．实验准备 12
            3.1 基本图形定义 13
            3.2 建模的基本规定 13
            3.3 IDEF0 建模步骤 15
        4．实验过程 15
        5．实验报告要求 17
    实验二 基于数据流图的功能建模 17
        1．实验目的 17
        2．实验内容和要求 17
            2.1 实验内容 17
            2.2 实验要求 18

  3. 实验准备 ·· 18
    3.1 数据流图语法 ··· 18
    3.2 建模步骤 ··· 19
  4. 实验过程 ·· 19
  5. 实验报告要求 ··· 20

实验三 基于 IDEF1X 的信息建模 ·· 21
  1. 实验目的 ·· 21
  2. 实验内容和要求 ··· 21
    2.1 实验内容 ··· 21
    2.2 实验要求 ··· 21
  3. 实验准备 ·· 21
    3.1 IDEF1X 语法语义 ··· 21
    3.2 IDEF1X 建模步骤 ··· 23
  4. 实验过程 ·· 24
  5. 实验报告要求 ··· 24

实验四 SysML 建模 ·· 26
  1. 实验目的 ·· 26
  2. 实验内容和要求 ··· 26
    2.1 实验内容 ··· 26
    2.2 实验要求 ··· 26
  3. 实验准备 ·· 26
    3.1 SysML 简介 ··· 26
    3.2 通用图建模 ·· 27
    3.3 需求图 ·· 28
    3.4 用例图 ·· 29
    3.5 块定义图 ··· 29
    3.6 内部块图 ··· 35
    3.7 参数图 ·· 36
    3.8 活动图 ·· 37
  4. 实验过程 ·· 41
  5. 实验报告要求 ··· 46

第三章 需求分析实验 ··· 48
  实验五 系统需求获取 ·· 48
    1. 实验目的 ·· 48

V

  2. 实验内容和要求 ··· 48
    2.1 实验内容 ·· 48
    2.2 实验要求 ·· 48
  3. 准备知识 ··· 49
    3.1 头脑风暴法 ··· 49
    3.2 问卷调查法 ··· 50
    3.3 会谈法 ··· 53
  4. 实验过程 ··· 54
  5. 案例 ··· 54
    5.1 案例假设 ·· 54
    5.2 头脑风暴过程及记录 ··· 54
    5.3 问卷调查的过程及结果 ·· 55
    5.4 会谈记录过程及记录 ··· 56
  6. 实验报告要求 ··· 56

实验六 系统需求建模与分析 ··· 57
  1. 实验目的 ··· 57
  2. 实验内容和要求 ··· 57
    2.1 实验内容 ·· 57
    2.2 实验要求 ·· 57
  3. 准备知识 ··· 58
    3.1 需求采集与分析软件的需求建模与分析功能 ························ 58
    3.2 面向场景的需求分析方法 ··· 59
  4. 实验过程 ··· 64
  5. 案例 ··· 64
    5.1 案例假设 ·· 64
    5.2 需求建模与分析示例 ··· 64
  6. 实验报告要求 ··· 67

第四章 体系结构设计实验 ·· 68

实验七 体系结构设计 ··· 68
  1. 实验目的 ··· 68
  2. 实验内容和要求 ··· 68
    2.1 实验内容 ·· 68
    2.2 实验要求 ·· 68
  3. 准备知识 ··· 69

  3.1 体系结构设计框架 ·· 69
  3.2 体系结构能力视角设计方法 ·································· 71
  3.3 体系结构业务视角设计方法 ·································· 75
  3.4 体系结构系统视角设计方法 ·································· 81
 4．实验过程 ·· 86
 5．案例 ·· 86
  5.1 案例假设 ·· 86
  5.2 体系结构设计 ·· 86
 6．实验报告要求 ·· 93

实验八 体系结构设计模型分析 ·· 93

 1．实验目的 ·· 93
 2．实验内容与要求 ·· 93
  2.1 实验内容 ·· 93
  2.2 实验要求 ·· 94
 3．准备知识 ·· 94
  3.1 体系结构设计模型分析的目的 ······························ 94
  3.2 体系结构设计模型分析的内容 ······························ 94
 4．实验过程 ·· 96
 5．案例 ·· 96
  5.1 数据准备 ·· 96
  5.2 完备性检查 ·· 96
  5.3 平衡度检查 ·· 99
  5.4 关联一致性检查 ·· 100
  5.5 父子关系回路检查 ·· 101
  5.6 追踪关系检查 ·· 101
 6．实验报告要求 ·· 102

第五章 系统设计实验 ·· 103

实验九 系统方案设计 ·· 103

 1．实验目的 ·· 103
 2．实验内容和要求 ·· 103
  2.1 实验内容 ·· 103
  2.2 实验要求 ·· 103
 3．准备知识 ·· 104
  3.1 系统功能设计方法 ·· 104

		3.2 系统结构设计方法	105
		3.3 系统数据结构的设计方法	109
	4.	实验过程	109
	5.	案例	110
		5.1 案例假设	110
		5.2 系统方案设计	110
	6.	实验报告要求	116

实验十 系统方案辅助分析 ············ 116
  1. 实验目的 ············ 116
  2. 实验内容和要求 ············ 117
    2.1 实验内容 ············ 117
    2.2 实验要求 ············ 117
  3. 准备知识 ············ 117
    3.1 系统方案辅助分析的目的 ············ 117
    3.2 系统方案辅助分析指标 ············ 118
    3.3 系统方案权衡分析方法 ············ 120
  4. 实验过程 ············ 121
  5. 案例 ············ 121
    5.1 数据准备 ············ 121
    5.2 系统方案指标计算 ············ 122
    5.3 系统方案权衡分析 ············ 123
  6. 实验报告要求 ············ 125

第六章 方案验证与评估实验 ············ 126

实验十一 系统方案静态验证 ············ 126
  1. 实验目的 ············ 126
  2. 实验内容与要求 ············ 126
    2.1 实验内容 ············ 126
    2.2 实验要求 ············ 126
  3. 准备知识 ············ 127
    3.1 静态验证分析目的 ············ 127
    3.2 静态验证分析内容 ············ 127
  4. 实验过程 ············ 129
  5. 案例 ············ 130
    5.1 数据准备 ············ 130

  5.2 系统结构分析 ·· 130
  5.3 重要度分析 ·· 131
  5.4 相似性分析 ·· 131
  5.5 系统关联分析 ··· 132
 6．实验报告要求 ·· 132

实验十二 系统方案动态验证 ·· 133
 1．实验目的 ·· 133
 2．实验内容和要求 ·· 134
  2.1 实验内容 ··· 134
  2.2 实验要求 ··· 134
 3．准备知识 ·· 134
  3.1 系统设计方案动态验证分析的内容 ·· 134
  3.2 系统设计方案动态验证分析的方法 ·· 135
 4．实验过程 ·· 138
 5．案例分析 ·· 138
  5.1 创建实验方案 ··· 138
  5.2 创建仿真方案 ··· 139
  5.3 生成仿真模型（Petri 网模型）·· 139
  5.4 编辑仿真模型（Petri 网模型）·· 139
  5.5 动态验证分析 ··· 140
 6．实验报告要求 ·· 141

实验十三 系统方案能力评估 ·· 141
 1．实验目的 ·· 141
 2．实验内容和要求 ·· 141
  2.1 实验内容 ··· 141
  2.2 实验要求 ··· 142
 3．准备知识 ·· 142
  3.1 系统设计方案评估介绍 ·· 142
  3.2 系统设计方案能力评估的相关说明 ·· 144
 4．实验过程 ·· 150
 5．案例分析 ·· 151
  5.1 能力指标体系构建 ··· 151
  5.2 实验方案设计 ··· 151

  5.3 仿真模型生成、编辑与执行 ·················· 153
  5.4 评估数据与评估模型配置 ····················· 157
  5.5 系统设计方案能力评估指标计算 ·············· 159
6．实验报告要求 ······································· 161

参考文献 ··· 162

第一章 引 言

一、实验教学的目的

信息系统分析与设计实验课程是信息系统分析与设计课堂教学的实践性环节，是信息系统分析与设计课程教学过程中必不可少的内容。通过本课程的实践和典型案例分析，使学生加强对理论教学内容的理解，进一步掌握和巩固课堂教学内容，使学生能够系统地掌握信息系统开发方法、信息系统规范化建模方法、系统分析与设计的原理，理解"信息系统分析设计实践平台"在信息系统开发中的作用，为今后能够胜任信息系统研发、信息系统管理等工作打下良好的理论与实践基础；同时加强学生对信息系统综合设计与分析的训练，培养学生理论与实践相结合的能力，强化学生设计动手能力，提升学生独立分析问题、解决问题的能力。

本实验课程要发展的能力目标包括具备大型复杂信息系统工程相关的技术能力和处理问题的能力，具体能力目标的分解情况如下。

1）大型复杂信息系统工程相关的技术能力

（1）大型复杂信息系统需求分析与建模的能力，主要包括需求获取的能力；根据需求，明确大型复杂信息系统愿景的能力；需求建模的能力。

（2）大型复杂信息系统体系结构设计的能力，主要包括根据需求，裁剪使用体系结构框架的能力；对典型大型复杂信息系统体系结构产品建模的能力。

（3）大型复杂信息系统方案分析与评估的能力，主要包括：对大型复杂信息系统方案建立仿真模型的能力；评估典型大型复杂信息系统设计方案的能力。

2）大型复杂信息系统工程相关问题的处理能力

（1）分析、推理和解决问题的相关能力：发现问题和表述问题的能力；建立模型的能力；判断和定性分析的能力。

（2）系统思维的能力：整体思维和批判思维的能力；系统分析设计的能力；解决问题时的妥协、判断和平衡的能力。

（3）团队协作的能力是指团队组织与分工协作的能力。

二、实验的理论基础

1. 大型复杂信息系统分析与设计的概念内涵

随着信息技术和网络技术的飞速发展，信息化、网络化时代已经到来。无论在社会、经济、生产领域还是军事领域，在信息化催生的复杂多样和快速变化的需求牵引下以及信息技术发展的推动下，信息系统的规模越来越大，系统中的要素不但数量庞大，而且种类繁多，相互之间的关系也日益复杂。大型复杂信息系统的复杂性、不确定性、涌现性、动态性等特征成为制约复杂信息系统研究与发展的主要挑战。而如何更好地满足客户需求，实现系统要素之间的互连、信息的互通、应用上的互操作，以及如何将信息转化为价值等问题变得日益突出。

以军事信息系统为例，在军事需求和信息技术的共同推动下，已大致经历了初始发展、军兵种独立建设和跨军兵种集成建设三个阶段，相继发展了三代系统，即：面向单一任务、采用主机加终端结构的第一代系统；面向军兵种作战、采用局域网互连结构的第二代系统；面向重点方向联合作战、采用广域网互联结构的第三代系统。"十二五"以来，为了适应一体化联合作战和遂行多样化任务的要求，同时解决信息系统建设中长期存在的顶层设计不足、基础设施薄弱、一体化水平低等突出问题，我军已开始全面谋划具有网络中心、面向服务等特征的第四代信息系统，构建网络信息体系，支撑信息化的军事体系。

大型复杂信息系统建设是一项复杂系统工程，分析与设计是复杂信息系统发展与建设过程中的核心环节。信息系统分析与设计是指从全局角度综合考虑使命任务要求及技术、经济等因素约束，运用科学的方法和手段，对复杂信息系统的发展目标、体系结构、运行机制、使用模式、演进路线、实施途径等进行整体性设计的过程。大型复杂信息系统分析与设计，是把先进的信息技术与需求融为一体，对信息系统建设各个方面、各个层次、各种力量、各种因素统筹考虑，站在顶层进行战略性、总体性设计。为保证顶层规划的科学性、规范性，实现设计数据共享以及高效性，信息系统分析与设计需要相应的技术支持。大型复杂信息系统分析与设计包括复杂信息系统分析与设计的理论、方法和工具等。复杂信息系统分析与设计主要包括复杂信息系统需求工程技术、体系结构开发技术、系统验证评估技术等。

当前，云计算、大数据、物联网、人工智能等新技术逐步应用，将使大型复杂信息系统朝新方向发展：一是从网络中心向知识中心发展，信息系统不再局限于以网络为中心的要素互连层次，而是向信息聚合、语义互联、知识应用的更高层次转变，智能泛在并逻辑组网，辅助形成决策优势、行动优势；二是从广域互联向泛在物联发展，网络覆盖范围不断拓展，系统从基于广域网的多点互连结构逐步向基于泛在网络的人、机、物普适互联结构转变,为更快速高效的军事行动提供支撑;三是从局域共享到云端协同发展,网络化、服务化程度不断提高,加速信息系统功能、数据向云端迁移,使得传统局域共享、跨域协同机制逐步向云端互动、全域协同的新机制转变,形成泛在的作战云,聚合信息、知识,实现更大能力的释放;四是从系统安全向赛博安全发展,网络技术不断向物理空间、社会空间渗透,信息系统边界日趋模糊,物理实体、社会个体有机融入系统,致使以信息技术系统为对象的传统安全防护机制静态化、碎片化,推动系统安全范畴向赛博空间或网络空间拓展;五是从刚性定制向柔性定义发展,软件定义技术与多样化任务(或活动)需求充分结合,推动面向任务(或应用)定制的刚性结构系统逐步向动态适变的柔性结构系统转变,极大地增强了信息系统的敏捷性。相应地,信息系统工程方法也逐步从系统工程(Systems Engineering, SE)向体系工程(Systems-of-Systems Engineering, SoSE)发展,由单系统或单装备研制向体系顶层设计、建模仿真、综合集成、试验评估等转变,更加关注基于能力的需求分析、模型驱动的体系结构设计、面向全域互操作的标准体系构建,更加注重体系能力集成、测试、交付与维护。这些变化,也为深化大型复杂信息系统分析与设计理论和实践应用提供新的导向。

总之,无论是现实问题急需,还是大型复杂信息系统建设内在要求,以及信息系统技术发展趋势,都迫切要求更加突出大型复杂信息系统的复杂性和体系性,以新的视角深刻地揭示信息系统的内涵、机理及模式,去创新大型复杂信息系统分析与设计实践样式和流程。

2. 大型复杂信息系统分析与设计的关键环节

鉴于大型复杂信息系统的复杂性,信息系统分析与设计关键环节如图 1-1 所示,可分为信息系统需求分析、体系结构设计、体系结构分析、信息系统方案设计、信息系统方案验证、信息系统方案评估、信息系统建设运行、信息系统集成、信息系统评估以及信息系统演化等环节。其中,信息系统需求分析是采用规范化的手段,从不同来源搜集需求并形成需求开发文档的过程;体系结构设计是基于需求清单,进行多视图模型化设计,梳理信息系统架构组成;体系结构分析是基于体系结构设计结果,开展语法层和语义层检查,挖掘设计中存在的问题;信息系统方案设计是根据设计需求,探索多种可能的信息系统设计方案,并开展模型化设计;信息系统方案验证与评估是基于多种信息系统设计方案开展静态验证与动态验证,可根据确定的静态指标和动态指标开展综合分析;信息系统建设运行是基于优选的信息系统方案,开展各个分系统的具体设计,可按照系统工程的思路进行设计;信息系统集成是综合各子系统设计成果,按照自底向上的流程形成整体系统设计方案;信息系统评估是依据信息系统运行数据,对系统的能力与效用开展评估分析;信息系统演化是对现有信息系统的改造和调整,使得信息系统具备新的能力,适应新环境，履行新使命。

本书主要关注图 1-1 所示的前 6 个步骤，对于其中涉及的关键内容进行实验。针对上述涉及的各个环节，采用规范化的建模与实操方法，提高分析设计的规范性和科学性。

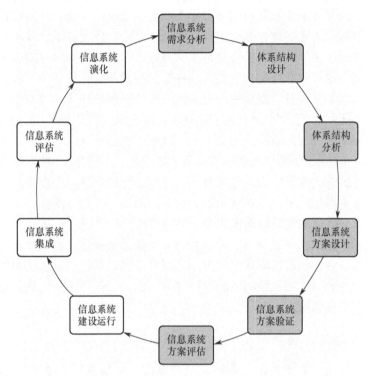

图 1-1　信息系统分析与设计关键环节（见彩图）

对于信息系统需求分析，开展信息系统需求获取与建模实验，针对不同角色的利益相关者，通过问卷调查、笔录、文献等手段进行原始需求的梳理，明确需求的名称、描述、应用范围，形成规范化的需求清单，并在文本需求描述的基础上，采用用例图、活动图、时序图等模型进行需求描述，更加规范化的描述需求，并可依照一定的模板生成需求分析报告。

对于体系结构设计，在需求采集与分析的基础上，采用多视图的体系结构框架描述方法，主要描述信息系统的能力视角、业务视角、系统视角等相关模型，检验对大型复杂信息系统顶层规划的能力。

对于体系结构分析，主要根据体系结构设计数据，静态检验体系结构设计数据的合理性和可行性。合理性从语法层验证入手，检验设计数据的完备性、一致性、关联性等特征，判断是否有设计缺失和不合理的数据；可行性从语义层验证入手，从质量特征角度入手检查某类实体数据或者关系数据的重要性、依赖性等，判断是否存在设计不合理的地方。

对于信息系统方案设计,主要根据体系结构设计的系统视角数据,探索不同系统方案设计的可能性。例如,可以从功能流图、系统结构、数据模型等多个方面进行系统模块的综合设计,形成不同的系统设计方案。同时,考虑具体设计过程中存在的多种系统设计方案,进行方案的折中分析。对于不同的系统设计方案,首先采用复杂度、内聚度等指标计算方案的指标特性;然后采用词典学法、Pareto 前沿法等多种方法进行权衡分析,选择较好的设计方案。

对于信息系统方案验证,从方案设计数据的语义层面开展验证,将系统方案的设计数据转换为可动态执行的 Petri 网,并进一步设计和执行 Petri 网,结合需要评估的指标分析其方案特性,验证设计方案的优劣。

对于信息系统方案评估,根据 Petri 网执行得到的仿真数据,结合系统运行过程中的采集数据,进行信息系统方案能力的综合评估,为方案的设计效果与质量提供支撑,评估的结果可以作为系统方案优化设计的输入。

为支撑上述设计环节,本书首先介绍功能建模、信息建模、SysML 建模等一般信息系统建模手段,为综合实验的开展提供基本方法手段的支持。

三、实验的组成与相互关系

本实验课程包含 13 个实验,覆盖信息系统分析与设计的主要过程和内容。按照实验内容和实验目的,将实验分为基础实验和综合实验。基础实验是针对基本建模方法开展的单项性实验,主要包括基于 IDEF0 的功能建模、基于数据流图的功能建模、基于 IDEF1X 的信息建模以及 SysML 建模。综合实验是在基础实验基础上,结合信息系统分析设计的主要环节,开展相关设计或分析,提高学生的综合实践能力,主要包括系统需求获取、系统需求建模与分析、体系结构设计、体系结构设计模型分析、系统方案设计、系统方案辅助分析、系统方案静态验证、系统方案动态验证以及系统方案能力评估。信息系统分析与设计实验组成如表 1-1 所列。

表 1-1 信息系统分析与设计实验组成

序 号	实验名称	学 时	与关键环节的映射
1	基于 IDEF0 的功能建模	2	基础实验
2	基于数据流图的功能建模	2	基础实验
3	基于 IDEF1X 的信息建模	2	基础实验
4	SysML 建模	4	基础实验
5	系统需求获取	2	信息系统需求分析

续表

序 号	实验名称	学 时	与关键环节的映射
6	系统需求建模与分析	2	信息系统需求分析
7	体系结构设计	4	体系结构设计
8	体系结构设计模型分析	2	体系结构分析
9	系统方案设计	2	信息系统方案设计
10	系统方案辅助分析	2	信息系统方案设计
11	系统方案静态验证	2	信息系统方案验证
12	系统方案动态验证	4	信息系统方案验证
13	系统方案能力评估	2	信息系统方案评估

在实验教学实施过程中，可根据学生所学相关课程以及实验情况，调整或选择实验项目。例如，如果学生已经系统学习基础实验的相关内容，并开展实验教学，则可以不选择相应的实验项目。

四、实验平台

1. 平台基本情况

本实验指导书综合实验部分采用信息系统分析设计平台。该平台是研究团队在大型复杂信息系统顶层设计环境的基础上改造定制的教学版平台，定位针对企业信息系统、政府办公信息系统、指挥信息系统等大型复杂信息系统的分析与设计，包含信息系统需求分析、体系结构设计、体系结构分析、信息系统方案设计、信息系统方案验证、信息系统方案评估的全流程；该平台支持国产软/硬件平台，完全自主可控。

信息系统分析设计平台已经应用于国防科技大学指挥信息系统工程本科专业、管理科学与工程研究生专业的教学工作，在国防科技大学、火箭军工程大学等多个院校进行实践运用。

2. 平台组成

信息系统分析设计平台主要分为需求采集与分析工具、体系结构设计工具、信息系统验证分析工具、信息系统能力评估工具，如图 1-2 所示。需求采集与分析工具主要用于采集以及描述需求，支撑系统需求获取和系统需求建模与分析两个实验；体系结构设计工具主要用于开发体系结构和系统方案，并开展相应的分析工作，支撑体系结构模型设计、体系结构设计模型分析、系统方案设计、系统方案辅助分析、系统方案静态验证等实验；信息系统验证分析工具主要用于将设计方案转换为 Petri 网，同时对 Petri 的特性与仿真过程进行分析，支撑系统方案动态验证实验；信息系统能力评估工具主要用于结合方案设计数据和仿真数据开展方案的能力评估，支撑系统方案能力评估实验。

信息系统分析与设计平台包含的四个子工具是相互通联的。其中，需求采集与分析工具可以为体系结构设计工具提供条目化需求清单，支撑体系结构的设计和方案的设计；体系结构设计工具为信息系统验证分析工具提供方案的设计数据，为能力评估工具提供能力指标体系所需数据；信息系统验证分析工具为能力评估工具提供仿真结果数据，支撑能力评估；信息系统能力评估工具为体系结构设计工具提供能力评估结果，支持方案的优化设计。

图 1-2　信息系统分析与设计平台组成

1）需求采集与分析工具

开展大型复杂信息系统的分析与设计工作，需要首先梳理信息系统的设计需求。大型复杂信息系统的需求来自于多个维度多个角色的利益相关者，因此需要全面搜集需求、统筹考虑需求、合理分析需求。该工具的定位在于不同维度的需求采集、需求梳理以及需求描述工作，通过多种需求采集手段，将原始采集的需求明确为支撑系统设计的功能需求，支撑后续体系结构设计与方案设计工作。

需求采集与分析工具主界面如图 1-3 所示，其中：上侧为菜单栏；左侧为导航功能栏，包括项目管理、问题管理、需求采集、需求分析、用户管理、系统管理等主要功能；右侧为功能的显示区。

2）体系结构设计工具

体系结构又称架构，是描述系统的要素、关系以及指导其设计和演化的原则和指南。体系结构设计工具是大型复杂信息系统分析与设计的关键工作，也是大型复杂信息系统分析与设计与一般系统主要的不同之处。鉴于大型复杂信息系统的复杂性与抽象性，需要先对其体系结构进行开发和描述，从不同的视角确定其关键设计内容，为具体的方案设计提供支撑。

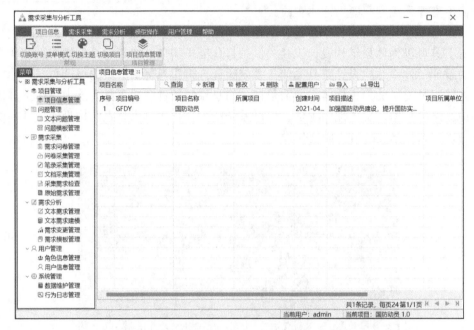

图1-3 需求采集与分析工具主界面（见彩图）

根据需求分析和体系结构设计成果，可以进一步开展信息系统方案设计，主要包括具体的功能、结构、数据库等设计，明确大型复杂信息系统的设计方案与细节。系统方案的设计可能需要考虑多种设计方案的选择，开展方案的度量与权衡分析。

体系结构设计工具主界面如图1-4所示。其中：上侧为菜单栏；左侧为导航功能栏，主要包括体系结构设计的多个视角，详细的方案设计在系统视角设计和功能流图分析界面；中间为体系结构与方案设计的显示区域；下侧为模型描述、设计指南等辅助设计区域。

3）信息系统验证分析工具

针对信息系统设计方案，需要进一步验证方案的可行性和有效性。信息系统分析设计平台支持从语法、语义、语用等多个层面开展分析，挖掘方案设计的不足之处和薄弱环节，进一步支持对方案进行优化设计。信息系统验证分析工具主要从语义层面展开分析，设计实验方案和仿真方案，采用Petri网进行方案设计数据的执行和分析。

信息系统验证分析工具主界面如图1-5所示。其中：上侧主要包括仿真实验规划管理和体系结构仿真验证两个功能模块，仿真实验规划管理模块主要用于建立实验方案，设置实验因子、水平、实验样本等，体系结构仿真验证模块主要用于将设计方案转换为 Petri 网，并开展仿真分析；左侧显示每个功能模块的主要功能；右侧为功能的显示区。

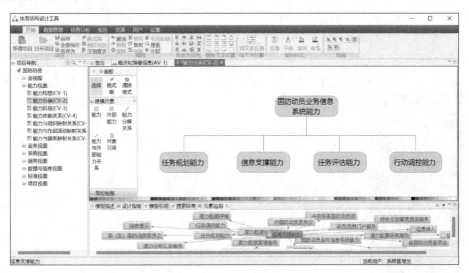

图 1-4　体系结构设计工具主界面（见彩图）

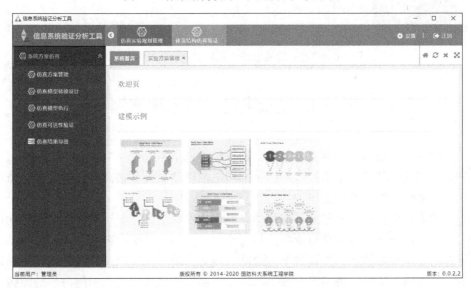

图 1-5　信息系统验证分析工具主界面（见彩图）

4）信息系统能力评估工具

信息系统能力评估工具的主要目的是针对体系结构设计的能力视角，分析当前系统设计方案是否能够满足能力需求。其评估指标体系的评估模型在该工具中创建，建模数据主要来自于体系结构设计工具，计算数据来自于验证分析工具和本地数据集。通过能力评估，验证并选择能力较高的设计方案。

信息系统能力评估工具主界面如图 1-6 所示。其中：上侧主要包括信息系统能力评估分析功能模块；左侧显示每个主要功能；右侧为功能的显示区。

详细的工具使用流程会在实验开展过程中进行介绍。

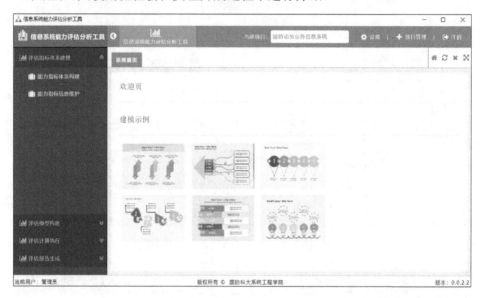

图 1-6　信息系统能力评估工具主界面（见彩图）

五、国防动员业务信息系统案例

国防动员主要包括武装力量动员、国民经济动员、人民防空动员、政治动员等多种动员活动，其涉及多个层次的多个部门。国防动员业务信息系统建设是国防动员业务信息化建设的重要工作。

党的十八大指出，要坚定不移把信息化作为军队现代化建设发展方向，推动信息化建设加速发展。国防动员业务是集合政府各级国防动员办公室、军队国防动员委员会的复杂业务体系，涉及各个方面动员业务，动员过程复杂，信息化建设难题较多。推动国防动员业务信息系统的建设，提高军地联合指挥控制能力，是国防动员业务信息化建设的关键任务。应把国防动员业务信息系统看作大型复杂信息系统，以体系工程的思路，以解决互联、互通、互操作问题为根本宗旨，突破体制机制束缚，统筹军地信息网络资源，实现国防动员业务信息军地互通共享。

国防动员业务的信息化建设是一项涉及面广、建设周期长、技术性强的系统工程，要确保其快速、持续、稳定的发展，必须强调体系设计的统揽作用，按照需求分析、体系结构设计、系统方案设计、验证评估的体系设计思路进行研发。

国防动员业务信息系统的主要功能如下：

（1）动员潜力掌握。利用相关数据、web 端、智能手机和各类传感设备，支持离线交互、网页填报、智能终端 APP 填报等多种潜力上报方式实时或近实时的掌握人武动员、经济动员、交通战备、信息动员和科技动员等相关信息。

（2）动员需求分析。辅助任务部队明确、规范、高效的提出国防动员需求，确保动员筹划阶段高效组织开展提报动员需求，以及动员实施阶段及时汇总处理动员需求。

（3）动员态势感知。采用多种技术手段动态获取动员部门调动的车辆、物资、装备等的位置信息。通过有线和无线方式接受各级动员机构和执行人员上报的任务进度、行动状态和行动效果等信息。

（4）动员筹划决策。提供潜力需求对接匹配和方案生成的能力，可根据预先设定的动员任务优化规则，形成任务分配方案。

（5）动员行动控制。利用智能手机终端、无线电台、集群通信和卫星电话等各种通信手段，进行动员过程的控制和管理，并对动员结果进行及时评价。

鉴于国防动员业务信息系统的复杂性，本书以国防动员业务信息系统设计为实践案例，描述大型复杂信息系统的需求分析、体系结构设计、体系结构分析、方案设计、方案验证、方案评估等实验内容，为相关复杂信息系统开发实践提供指导。本书不涉及国防动员业务的相关敏感信息，不完全覆盖国防动员业务，不当之处请领域专家批评指正。

六、实验要求

本实验课程强调强化学生对实际问题的分析与理解能力，培养学生的系统观点和协作能力。实验具体要求如下：

（1）掌握信息系统分析设计各阶段的建模方法、开发工具；

（2）实验前认真预习，复习课堂教学的相关理论与方法，明确实验目的，做好实验准备；

（3）要求独立完成的实验必须自己独立完成，多人协作完成的实验必须多人合理分工、协作完成；

（4）掌握信息系统开发文档的撰写规范；

（5）按照要求，及时完成实验报告，实验报告要简明扼要、文字通顺、图表清晰、设计合理、结论正确、分析详细。

第二章 基础实验

实验一 基于 IDEF0 的功能建模

1. 实验目的

   （1）掌握 IDEF0 建模语言；
   （2）熟练使用 IDEF0 语言进行功能建模；
   （3）熟练掌握 IDEF0 建模工具的使用。

2. 实验内容和要求

   2.1 实验内容
   选定典型的应用场景，建立该背景的功能/活动模型。实验内容具体包括：
   （1）按照自顶向下分解方法构建功能/活动模型；
   （2）活动模型建立方法与过程，包括顶层模型和子模型的建立、模型分解等内容；
   （3）ICOM 箭头建立方法与过程，以及各类箭头的创建、合并、汇聚等；
   （4）典型背景下功能/活动模型的 IDEF0 模型。

   2.2 实验要求
   （1）能够熟练 Visio 或支持 IDEF0 建模相关工具使用。
   （2）掌握 IDEF0 模型的含义与创建过程，包括模型的建立、模型分解、活动模型的属性设置。
   （3）掌握 ICOM 箭头的含义和创建方法，理解 IDEF0 建模中各类箭头的含义以及编辑方法，具体包括：ICOM 箭头的基本创建方法；ICOM 箭头的分解、汇聚；ICOM 箭头的潜入、继承的含义以及实现。
   （4）掌握自顶向下分解流程的方法，能够熟练掌握自顶向下分解方式建立功能或活动模型的方法。
   （5）建立选定背景功能或活动的 IDEF0 模型，保证所建模型符合 IDEF0 语法和语义规则。

3. 实验准备

   20 世纪七八十年代，美国空军在结构化分析方法的基础上提出一套系统分析与设计方法，通常称为 IDEF 方法。IDEF 方法于 1998 年成为美国 IEEE 标准，在系统结构化分析与设计中具有广泛的影响。该方法中包含功能建模、信息建模、过程建模等，IDEF0 是其中的一种方法，主要用于功能建模设计。下面简要介绍 IDEF0 语法语义。

3.1 基本图形定义

IDEF0 的基本图形建模元素为盒子和箭头，如图 2-1 所示。

盒子表示功能活动，其名称一般用动词或动名词表示。箭头与活动相连，表示与活动的关联的各种事物，每类箭头用名词短语标记，箭头与活动的不同连接方向表示不同类型的箭头。

IDEF0 的箭头分为四类：

（1）输入，表示活动执行需要消耗的信息、资源等事物，箭头方向从左至右指向活动；

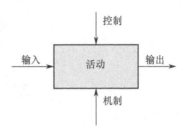

图 2-1　IDEF0 的基本建模元素

（2）输出，表示活动执行后的输出事物，箭头方向离开活动；

（3）机制，表示活动执行的人员、手段、支撑条件或平台等，箭头从下向上指向活动；

（4）控制，表示活动执行过程中所受的约束和遵循的规范规则等，箭头从上向下指向活动。

在 IDEF 语法规定中，一个活动可以没有输入，但是不能既无输入又无控制。

3.2 建模的基本规定

一个系统的功能模型可以用一组逐层分解的活动图形来表示。在 IDEF0 图中，顶层模型为 A-0 图。A-0 图只包含一个活动（一个盒子）。其他层次一般有 3~6 个盒子。IDEF0 递阶层次分解图如图 2-2 所示。在图 2-2 中，通过对活动 A3 层次分解，可以得到系统功能或过程模型的详细描述。

图 2-2 中的箭头分为内部箭头和外部箭头。内部箭头的两端分别连在两个盒子上，如图 2-2 中 A1 与 A2 活动之间的箭头。A1 与 A2 活动之间的箭头表示 A1 产生的输出事物 O2 是活动 A2 的输入事物。外部箭头一端是开放的，表示有图形以外的活动产生或使用，如图 2-2 中的 I1 和 O3。

在活动层次分解中，下层模型的 ICOM 的箭头要与上层活动保持一致。如图 2-3 所示，对生成活动 A1 进行分解，建立下层活动模型。上层活动 A1 相关的箭头必须下层模型的外部箭头保持一致。

在 IDEF0 建模中，箭头可以汇聚、分流，如图 2-4 所示。图 2-4（a）表示箭头的分流，活动 A1 产生的输出 O 分别作为活动 A1 的输入 B 与活动 A3 的输入 C。B 和 C 可以与 O 相同，B 和 C 也可以是 O 的部分，或 B 是 O 的全部，C 是 O 的部分。如果 B 和 C 与 O 相同，在图形中 B 与 C 也可以不标注。图 2-4（b）表示两个活动 A1 和 A2 的输出分别是 C 和 B，C 和 B 汇聚成 I 作为活动 A3 的输入。

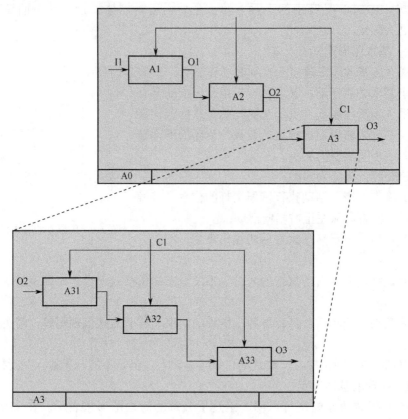

图 2-2　IDEF0 递阶层次分解图

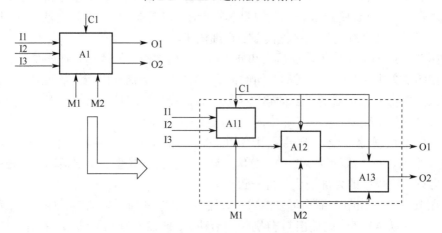

图 2-3　活动分解中箭头一致性关系

IDEF0 语言更多细节请参阅有关参考书。

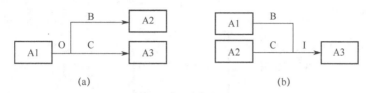

图 2-4 汇聚和分流箭头

3.3 IDEF0 建模步骤

（1）选择范围和目的。确定模型的立足点，描述外部接口，建立与环境间的限制。

（2）建立内部关系图（A-0 图）。建立一个活动，概括所描述系统的全部内容，描述活动的输入、输出箭头，确定系统边界。A-0 图只有一个活动。

（3）建立顶层图（A0 图）。将 A-0 图分解为 3~6 个主要子活动，得到 A0 图，A0 图是模型最顶层的模型。

（4）自上向下分解，建立系列 IDEF0 模型。依次分解上层的活动，并对分解的活动建立 ICOM 箭头。

（5）文字描述。对每张图添加文字说明，描述图形不能表达的内容。

4. 实验过程

本实验由个人独立完成，实验的基本步骤如下。

（1）选择分析背景。选择分析和建模的背景或案例。背景选择可从教师提供的背景集中选择比较熟悉的背景，也可根据个人情况，选择自己对功能和过程较熟悉的背景。假设选择汽车制造执行系统开发为分析对象。

（2）选择范围和目的。根据选择的背景或案例，确定模型的立足点，描述外部接口，建立与环境间的限制。分析汽车制造执行系统的背景、相关过程和需求后，明确这次开发的目的是要突出实时性、可执行性和系统集成性。

（3）新建 A-0 图（A-0 图）。建立一个活动，概括所描述系统的全部内容，描述活动的输入、输出箭头，确定系统边界。注意，A-0 图只有一个活动。

针对汽车制造执行系统建立 IDEF0 模型的 A-0 图如图 2-5 所示。

（4）建立顶层图（A0 图）。分析背景的功能过程，明确顶层活动的组成。基于建立的 A-0 图，将 A-0 图分解为 3~6 个顶层活动，得到 A0 图。A0 图是模型最顶层的模型。按照功能执行的过程体积相互信息关系，建立每个活动的 ICOM 箭头。

针对图 2-5 的 A-0 图，建立汽车制造执行系统的 IDEF0 顶层图（A0 图）如图 2-6 所示。

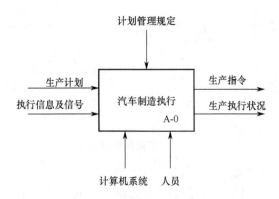

图 2-5 汽车制造执行系统的 A-0 图

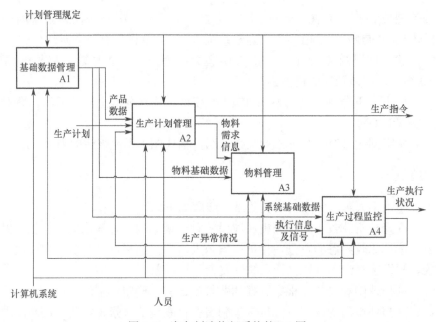

图 2-6 汽车制造执行系统的 A0 图

（5）自上向下分解，建立系列 IDEF0 模型。依次分解上层的活动，并对分解的活动建立 ICOM 箭头。在建模中，针对上层模型中各活动的特性，分析是否需要进一步细分为子活动，如果需要继续分解，则对该活动创建子活动模型。对每张图添加文字说明，描述图形不能表达的内容。

针对图 2-6 的 A0 图中基础数据管理活动 A1 分解得到子模型，如图 2-7 所示。自上向下逐层对活动分解，保证分解的粒度满足设计要求为止。

（6）模型检查。对建立的 IDEF0 模型进行平衡度、完整性等检查，根据发现的问题修改完善模型。

（7）形成实验报告。按照实验报告要求，完成实验报告。

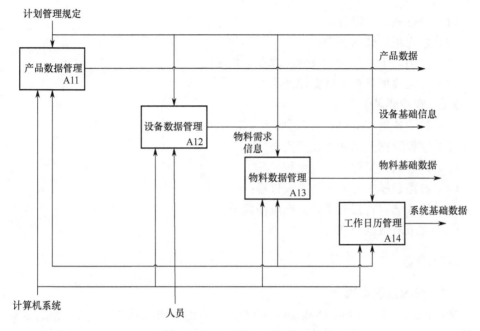

图 2-7　汽车制造执行系统的 A1 图

5. 实验报告要求

实验报告包括以下内容：概述、过程分析、建模步骤、IDEF0 模型和小结。
IDEF0 模型至少分解三层，每层的模型数不少于三个。IDEF0 模型保证语法和语义正确。

实验二　基于数据流图的功能建模

1. 实验目的

（1）掌握数据流图建模语言；
（2）掌握数据流图的建模方法；
（3）熟练掌握数据流图建模工具的使用。

2. 实验内容和要求

2.1　实验内容

选定典型的应用背景，建立该背景的系统功能模型。
实验内容主要包括：

17

（1）进行系统功能分析；
（2）建立顶层数据流图；
（3）自顶向下进行功能分解，建立数据流图；
（4）建立典型背景下数据流图模型。

2.2 实验要求

（1）熟练使用 Visio 软件或相应建模工具建立数据流图；
（2）掌握数据流图各建模元素语义；
（3）熟悉数据流图的建模过程；
（4）熟悉建模中各元素的建模过程；
（5）完成选定背景的系统数据流图模型；
（6）完成对数据流图的检查。

3. 实验准备

3.1 数据流图语法

数据流图（Data Flow Diagram，DFD）是描述系统数据输入、数据输出、数据存储以及数据处理之间关系的一种建模语言，能够图形化显示系统中数据的流转和使用，表达系统的功能和数据变换关系，是一种常用的结构化系统分析方法。

数据流图包含四种建模元素：数据流、数据处理、数据存储和外部实体（又称外部项）。数据流图有多种的表示方法，常用的表示法如图 2-8 所示。

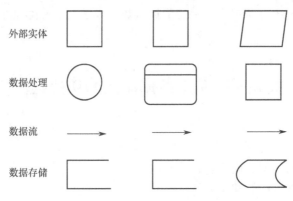

图 2-8 数据流图的表示方法

（1）数据处理。数据处理又称加工和处理过程，简称 P。它是对数据进行的操作，把流入的数据流转换或加工为新的数据流。如变化输入数据的结构，在输入数据的基础上产生新的数据内容。

（2）数据流。数据流简称 D。数据流表示流动的数据，支出数据及其流向。数据流可以表示数据处理和数据存储的各种输入和输出关系。对于数据存储来说，输入表示数据写入，输出表示数据读取。对于数据处理来说，输入数据流表示数据处理加工的原始数据，输出的数据流表示加工处理的结果。数据流建模示例图 2-9 所示。

数据流不允许重名，两个数据处理之间可以有多个数据流。

图 2-9　数据流建模示例

（3）外部实体。外部实体简称 S，又称数据源/去向，指本系统之外的人或单位，是系统输入信息的源和输出信息的宿。外部实体以圆形表示。

（4）数据存储。数据存储简称 F，说明数据保存的地方。这里的地方是指数据存储的逻辑描述，而非保存数据的物理地点和物理存储介质。输入的数据流或输出的数据流建模时注意箭头方向，同时完成读/写操作的数据流采用双向箭头。

数据存储建模元素示例如图 2-10 所示。

3.2　建模步骤

数据流图建模按照以下步骤进行。

（1）确定开发的系统的外部实体，明确系统的数据来源和去向。

（2）将系统作者为一个数据处理，确定整个系统的输出数据流和输入数据流，形成顶层图。

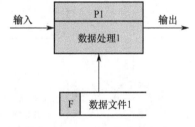

图 2-10　数据存储建模元素示例

（3）确定系统的主要数据处理功能，据此将整个系统分解为多个数据处理环节，确定每个数据处理的输入和输出，以及与这些数据处理相关的数据存储。根据各数据处理和数据存储以及输入输出关系，建立数据流图，并为各类图元命名、编号，形成系统的数据流图的第一层图（总图）的草图。

（4）分解上层数据流图的草图。一般情况下，下层数据流图对应上层数据流图中的一个数据处理。如果上层数据处理的数量较少时，下层数据流图也可以对应上层图中的多个数据处理。

（5）重复步骤（4），直至逐层分解结束。分解结束的标志是：数据处理的逻辑功能简单、明确、具体，每个最底层的数据处理不需要进一步分解为下层的数据处理。

（6）对数据流图进行检查审核，避免遗漏、重复、冲突等问题，保证数据流图的正确性。

4．实验过程

本实验由个人独立完成，实验的基本步骤如下。

（1）选择分析背景。选择分析和建模的背景或案例。背景选择可从教师提供的背

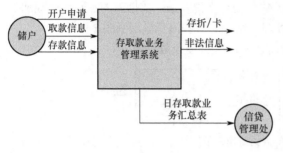

图 2-11 存取款业务管理系统顶层数据流图

景集中选择比较熟悉的背景，也可根据个人情况，选择自己对功能和过程较熟悉的背景。选择银行存取款业务进行分析。

（2）分析银行存取款业务设计的外部实体，建立顶层数据流图。按照数据流图的建模过程，绘制顶层数据流图如图 2-11 所示。

（3）确定系统的主要数据处理功能，确定每个数据处理的输入和输出，以及与这些数据处理相关的数据存储。根据各数据处理和数据存储以及输入输出关系，建立各级数据流图。在存取款业务管理系统顶层数据流图的基础上，构建存取款业务管理系统第一层数据流图如图 2-12 所示。

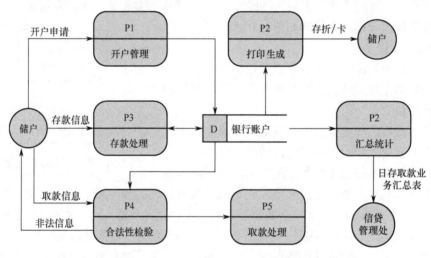

图 2-12 存取款业务管理系统第一层数据流图

针对存取款业务管理系统第一层数据流图中的数据处理细化数据流图。对于数据处理"存款处理"细化后的数据流图如图 2-13 所示。

（4）对建立数据流图进行检查审核，发现遗漏、重复、冲突等问题，修改完善数据流图。

（5）根据实验情况和模型，形成实验报告。

5. 实验报告要求

实验报告包括以下内容：概述、功能分析过程、建模步骤、DFD 模型和小结。
小结内容包括对建模方法的理解与认识、建模中遇到的问题以及解决方法。

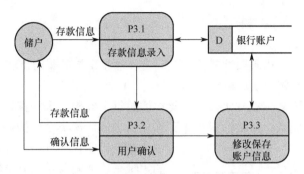

图 2-13 "存款处理"细化后的数据流图

实验三　基于 IDEF1X 的信息建模

1. 实验目的

   （1）掌握 IDEF1X 建模语言；
   （2）掌握 IDEF1X 的数据/信息建模过程和要求。

2. 实验内容和要求

   ## 2.1　实验内容
   选定典型的应用背景，建立该背景的数据模型。
   实验内容主要包括：
   （1）根据背景建立数据实体及其属性；
   （2）建立数据实体之间关系，包括连接联系、分类联系和非确定联系；
   （3）建立应用背景下的相关的数据模型。

   ## 2.2　实验要求
   （1）熟练使用 Visio 软件或相应建模工具建立 IDEF1X 模型；
   （2）掌握 IDEF1X 建模元素及其语义；
   （3）熟悉 IDEF1X 建模过程；
   （4）完成选定背景的 IDEF1X 模型；
   （5）完成对 IDEF1X 模型检查。

3. 实验准备

   ## 3.1　IDEF1X 语法语义
   IDEF1X 是 IDEF 系列方法中 IDEF1x 的扩展版本，是在 E-R 图基础上，增加一些规则，使语义更丰富的一种信息建模方法。

IDEF1X 包括以下建模元素。

1）实体

实体是一个具有相同属性或特征的现实和抽象事物的集合。在 IDEF1X 中，实体分为独立标识实体和从属标识实体。

独立标识实体又称独立实体，这类实体的每个实例被唯一标识而不取决于该实体与别的实体的联系。从属标识实体又称从属实体，这类实体的每个实例的唯一标识依赖于该实体与其他实体的联系，该实体的主键全部或部分来自外来键。

IDEF1X 中用矩形表示实体，如图 2-14 所示。方角矩形表示独立实体，圆角矩形表示从属实体。每个实体分配一个唯一的名字和号码，中间用斜线分开。实体名必须是名词短语，它描述实体所表示的事物。

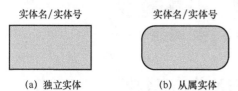

图 2-14 IDEF1X 实体建模元素

2）联系

实体间的联系分为连接联系、分类联系和非确定联系。

连接联系是指一个实体（子实体）依存于另一个实体（父实体）的联系。连接联系分为标定联系和非标定联系，如图 2-15 所示。在标定联系中子实体的每个实体都由它与父实体的联系确定。在非标定联系中，子实体的每个实体都能被唯一地确认而无须了解父实体的实例。

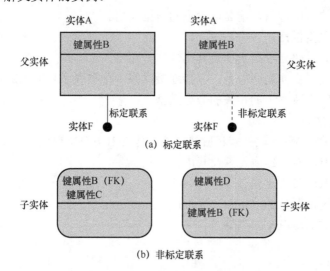

图 2-15 连接联系建模语法

如果一个具有某种属性或特征的一般实体在某种意义上或更细节性上是其他实体的类，则这两类实体的联系称为分类联系。分类联系分为完全分类联系和不完全分类联系，如图 2-16 所示。

非标定联系又称多对多联系，即关联实体间一个实体的实例对应另一个实体的 0、1 个或多个实例，如图 2-17 所示。

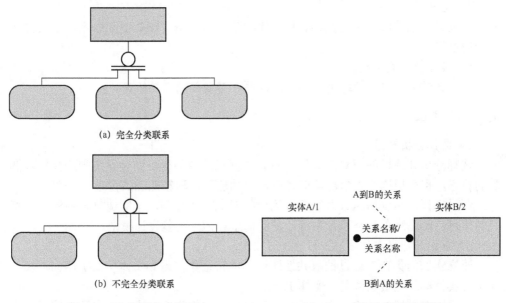

图 2-16　分类联系建模语法　　　　图 2-17　非标定联系建模语法

3）属性

实体具有的性质称为属性，属性分为主键（或主关键字）、次键（次关键字）和非键属性，如图 2-18 所示。由一个或多个属性可以被唯一确定实体的每个实例，称为候选关键字，每个实体至少有一个候选关键字。如果一个实体有多个候选关键字，则选其中之一为主关键字，其余为次关键字。非键属性是指不能唯一确定实例的属性。外键存在于有标定联系或分类联系的父/子实体间。父实体的属性如果可被子实体的主键继承，则称为外键。

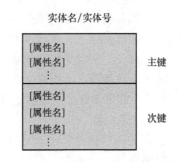

图 2-18　实体属性与主键建模语法

3.2　IDEF1X 建模步骤

1）准备阶段

准备阶段包括确定设计目标，收集相关信息等。

2）标识和定义实体

建立实例的集合，通过抽取共性属性集或特征集，得到实体早期实体词汇表，即定义实体集，包括实体名、实体定义等。

3）定义联系

首先分析并标识相关实体，然后定义已标识的联系，包括依赖、联系名及其说明等。在此基础上，构建实体模型。

4）定义键

定义键包括分解不确定关系、标识键属性、迁移键、确认键和联系、定义键属性和属性等。

5）实体及其关系检查

对构建的 IDEF1X 模型进行实体、联系、键及其属性的检查。

4. 实验过程

1）选择分析背景

选择分析和建模的背景或案例。背景选择可从教师提供的背景集中选择比较熟悉的背景，也可根据个人情况，选择自己对功能和过程较熟悉的背景。

假设选择汽车制造执行系统开发为分析对象，收集与汽车制造执行系统开发相关的信息，熟悉汽车制造执行系统开发的需求和结构功能设计模型。

2）标识和定义实体

建立实例的集合，通过抽取共性属性集或特征集，得到实体早期实体词汇表，即定义实体集，包括实体名、实体定义等。

对于汽车制造执行系统来说，生产计划信息包括生产要求、生产计划编号、生产参数、人员需求、设备需求、物料生产需求、物料消耗需求等实体。

3）定义联系

首先分析并标识相关实体，然后定义已标识的联系，包括依赖、联系名及其说明等。在此基础上，构建实体模型。

针对 2）中定义的实体集，分析实体之间的关系，如工艺段要求与生产参数、人员需求、设备需求、物料生产需求、物料消耗需求等实体的分类关系。其中，人员需求与人员需求属性之间是标定联系，设备需求与设备需求属性是标定联系等。

4）定义键

定义键包括分解不确定关系、标识键属性、迁移键、确认键和联系、定义键属性和属性等。

根据建立的实体以及实体的具体含义，建立实体的属性。针对生产计划信息建立的 IDEF1X 的模型如图 2-19 所示。

5）实体及其关系检查

对构建的 IDEF1X 模型进行实体、联系、键及其属性的检查。

5. 实验报告要求

实验报告包括概述、数据分析过程、建模步骤、IDEF1X 模型和小结。

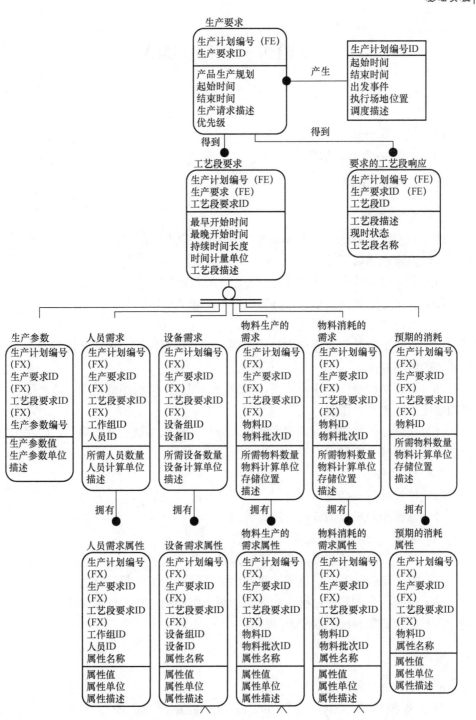

图 2-19 生产计划信息的 IDEF1X 模型

实验四 SysML 建模

1. 实验目的

   （1）掌握 SysML 建模语言；
   （2）掌握 SysML 建模过程。

2. 实验内容和要求

   ### 2.1 实验内容
   选定典型背景系统，利用 SysML 语言进行系统建模。
   实验内容包括以下几种。
   （1）安装建模软件，即在实验室指定计算机上安装选定的建模软件。
   （2）针对选定的背景系统进行需求分析，建立需求模型。
   （3）针对选定的背景系建立用例图。
   （4）针对选定的背景系建立结构视图，即利用模块图、内部模块图和包图，建立系统的结构视图。
   （5）根据结构视图和需求分析，建立行为视图，即利用活动图、序列图、状态机图等建立系统对象模型。
   （6）根据结构视图、行为视图和需求分析，建立系统的参数模型，即利用参数图建立系统的参数模型。

   ### 2.2 实验要求
   （1）能够熟练安装建模软件；
   （2）掌握面向对象的分析方法与过程；
   （3）掌握 SysML 建模元素及其语义；
   （4）掌握需求图的建模过程，建立需求模型；
   （5）掌握结构图的建模过程，建立块定义图、内部块图等模型；
   （6）掌握行为图建模过程，建立活动图、序列图、状态机图等模型；
   （7）完成背景系统的 SysML 模型。

3. 实验准备

   ### 3.1 SysML 简介
   系统建模语言（Systems Modeling Language，SysML）是对象管理组织（OMG）在统一建模语言 UML2.0 的基础上，提出的一种新的建模语言，并作为系统工程的标准建模语言。SysML 的目的是统一系统工程中使用的建模语言。SysML 可以描述多种不同类型的系统，包括硬件、软件、数据、人员、设备等。

利用 SysML 可定义系统的结构模型、行为模型、需求模型和参数模型。其中，结构模型强调系统的层次以及对象之间的相互连接关系，包括类和装配；行为模型强调系统中对象的行为，包括对象的活动、交互和状态等；需求模型强调需求之间的追溯关系以及设计对需求的满足关系；参数模型强调系统或部件的属性之间的约束关系。

为支持上述模型的构建，SysML 包括 9 个类型的视图：3 类结构图、4 类行为图、1 个需求图和 1 个参数图，如图 2-20 所示。其中，序列图、状态机图、用例图、包图与 UML2.0 相同，活动图、模块定义图和内部模块图是在 UML2.0 基础上修改，需求图和参数图是新增模型。

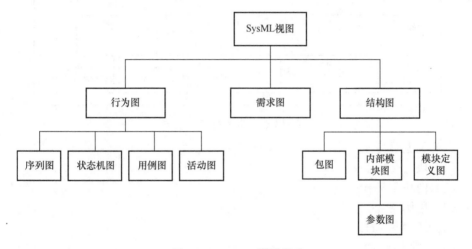

图 2-20　SysML 模型组成

结构图包括模块定义图、内部模块图和包图。模块定义图描述模块之间的关系，如关联关系、依赖关系和继承关系。它描述系统的层次结构、部分的互联和分类关系。内部模块图使用模块特征和特征之间的连接来表示一个模块的内部结构；另外一类结构图是 UML 包图，通过分组模型元素来建立模型。

行为图包括活动图、序列图、状态机图和用例图。其中，活动图用于描述工作流、业务流程，或者将执行流分解为活动或子活动。活动图可是描述简单的活动序列，也可以描述带有条件分支和并发的复杂并行活动。泳道可以描述执行活动的实体。在活动图中，强调活动的输入/输出、顺序和条件。

3.2　通用图建模

SysML 每个图的基本结构包括外框、内容区域和头部，图的外框是外部的矩形，内容区域是外框内部区域，其中可以显示模型元素和关系。头部位于图的左上角，头部的右下角被剪角。头部一般包括四段信息：图的类型、模型元素类型、模型元素名称和图的名称。图 2-21 所示为典型 SysML 图的组成，图的类型为块定义，模型元素类型为 package，模型名称为 Structure，图的名称是 DS-77 卫星系统。

DS-77 卫星的组成部分包括电力子系统、姿态与轨道控制子系统、环境控制子系统、通信与数据处理子系统等。

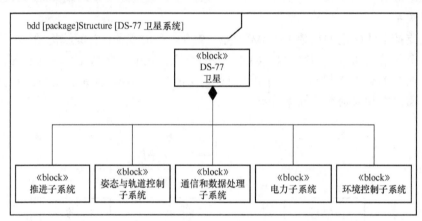

图 2-21　典型 SysML 图的组成

图的类型缩写如下：
（1）块定义=bdd；
（2）内块定义=ibd；
（3）用例图=uc；
（4）活动图=act；
（5）序列图=sd；
（6）状态机图=stm；
（7）参数图=par；
（8）需求图=req；
（9）包图=pkg。

3.3　需求图

需求图是一种新的 SysML 图形，能够描述需求与需求之间以及需求和其他建模元素之间的关系。需求视图有多种展现形式：图形、表格或者树形结构。需求可以作为其他视图的一部分，反映到其他模型结构的关系中。SysML 用<requirement>表示需求，可以添加需求的文本描述和标识符，也可以添加满足状态、重要度等其他属性。同时，用户可以对需求进行分类，如功能需求、非功能需求、性能需求等。在 SysML 中，可以定义需求之间以及需求与其他模型之间的关系，需求图中包含的主要建模图元如表 2-1 所列。

表 2-1 需求图的建模图元

建模图元	名称	标识符	描述
<<requirement>> Hohmann Transfer Id= "P-F-97" Text= "T	需求	Requirement	描述一个或多个必须满足的系统属性或行为
<<deriveReqt>> --------------->	派生	Derive relationship	表示一个需求由其他需求派生出来
<<satisfy>> --------------->	满足	Satisfy relationship	描述系统元素或模块对需求的满足
<<refine>> --------------->	精化	Refine relationship	描述模型是对需求信息的详细描述
<<verify>> --------------->	验证	Verify relationship	表示模型与需求之间的验证关系
<<trace>> --------------->	追溯	Trace relationship	表述需求与其他模型之间存在追溯关系
<<decompose>> --------------->	分解	Decompose relationship	描述父需求与子需求的分解关系

3.4 用例图

用例图描述外部参与者对系统的使用，说明系统提供给外部课件的服务，以及触发和参与用例的执行者。

用例图使用的主要建模图元如表 2-2 所列。

表 2-2 用例图的主要建模图元

建模图元	名称	标识符	描述
command	用例	Use case	定义系统的上下文
(人形图标)	参与者	Actor	与系统关联的角色，可以是用户，外部系统或其他环境实体
□	系统边界	System Boundary	分割参与者和用例的系统边界
——	关联	Association	参与者与用例的关系，表示参与者执行的用例
---------->	依赖性	Dependency	连接两个用例，表示用例的依赖关系

3.5 块定义图

块定义图表示系统的基本结构以及它们之间的关系，它主要用来描述复杂系统的层次结构，不说明模块内的细节。

块定义图的建模图元如表 2-3 所列。

表 2-3　块定义图的建模图元

建模图元	名　称	标 识 符	描　　述
<<block>> Subsystem / parts / rx:Receiver[1] / ant:Antenna[2]	模块	Block	一个可包含数据和行为的实体
（人形图标）	参与者	Actor	与系统关联的角色，可以是用户，外部系统或其他环境实体
< >	接口	Interface	一个由事件接收器或操作构成的合约
———	关联	Association	表示模块与参与者之间的关系
◆——▶	组合	Composition	表述模块到子模块的层次分解
——▷	泛化	Generalization	抽象模块与具体模块之间关系
------▶	依赖	Dependency	两个模块之间的依赖关系

3.5.1　模块

模块的注释是带有元类型<<block>>的矩形，基本模块的定义主要包括组成部分属性、引用属性、值属性、约束属性、端口等部分。

模块的特性包括结构特性和行为特性。

1）结构特性

模块包括以下 5 种结构属性：组成部分属性、引用属性、值属性、约束属性、端口等。

（1）组成部分属性。组成部分属性表示模块内部的结构，也就是说模块是组成部分属性构成的。

组成部分属性表示为

<part name>:<type> [<multiplicity>]

组成部分属性的名称由设计者定义，多重性事一种约束，限制复杂对象中组成部分属性的实例数量，以单个整数或者一系列整数表示。

（2）引用属性。模块因为需要外部结构而包含引用属性。引用属性代表模块外部的一种结构。外部结构为模块提供一种服务，或者交换事件，或者数据等。引用属性列举在模块的引用分隔框中。

引用属性表示为

<reference name>:<type> [<multiplicity>]

与组成部分属性不同，引用属性不表示所属关系。引用属性可以简单理解为"需要"关系。

(3) 值属性。值属性列举在模块的值分隔框中。值属性可以代表一个数字、一个布尔值或者字符串。

值属性表示为

<value name>:<type> [<multiplicity>]=<default value>

在设计中,有些值是通过赋值得到,有些则是通过系统其他模型中继承得到。从其他模型中得到的值属性表示时,需要在名称前增加一个反斜杠(\)。

如图 2-22(a)所示为 DS-77 卫星模块拥有组成属性和值属性,其中组成属性与图 2-21 表述组成方式一致;图 2-22(b)所示为电力子系统模块应有引用属性和值属性。

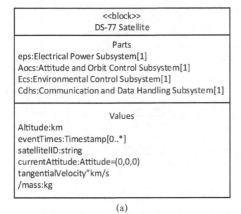
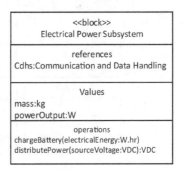

图 2-22 带属性的模块

SysML 定义了四种原始类型:String、Boolean、Integer、Real,设计者可以定义所需的值类型。

值类型表示为带元类型<<valueType>>的矩形,如图 2-23 所示,CommandKind 为枚举型,数据包括两类:Stored 和 Real-Time。°C、V 和°是 Real 的子类型。Complex 是定义的复数类型。

(4) 约束属性。约束属性表示一种数学关系,列举在模块的约束分隔框中。

约束属性表示为

<constraint name>:<type>

其中,类型是已经创建的约束模块名称。

约束模块是一种特殊的模块,其中主要体现约束表达式。约束模块通常表示为带有元类型<< constraint >>的矩形,约束表达式显示在{ }之间。

在描述约束属性时,也可直接在模块的约束分隔框中描述约束表达式。

如图 2-24 所示,Flight Computer 模块定义了约束属性 Sufficient Memory,如图 2-24(a)所示。图 2-24(b)中 Flight Computer 模块定义了不可重用约束属性。Sufficient Memory 是一个约束模块,如图 2-24(c)所示。

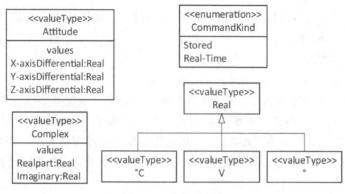

图 2-23　值类型定义

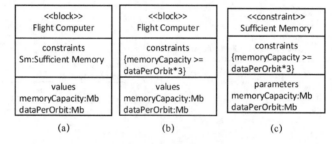

图 2-24　约束属性定义

（5）端口。端口表述模块与外部实体的交互。SysML1.2 定义了两种端口：标准端口和流端口。

标准端口主要描述模块提供或请求的服务，标准端口表示为模块边界（矩形边框）上的小方块，如图 2-25（a）所示，sp_cdhs 和 sp_eps 表示端口名称。标准端口可以有多个接口，在图 2-25（a）中，圆形标识表示提供接口，半圆标识表示请求接口。

接口的类型可以通过元素来定义，接口定义包含操作和接收信息，图 2-25（b）所示为接口的定义模块。接口定义包括一系列操作和接收信息，接口定义的关键字是 <<interface>>。

流端口主要描述模块的事件、能量后数据的输入和输出。流端口表示为模块边界（矩形边框）上的小方块，同时小方块中显示"◇"或箭头。流的名称由设计人员定义，流类别必须在建立相应的流类型模型。

流端口分为非原子流端口和原子流端口。小方块中显示"◇"为非原子流端口，带箭头的表示为原子流端口。

流属性代表能够通过六端口流入、流出模块。每个属性的表示方式为

<direction><name>:<type>

其中：方向可以是 in、out 或 inout；名称由建模者定义；类型必须在模型层中建立的值类型、模块或信号。

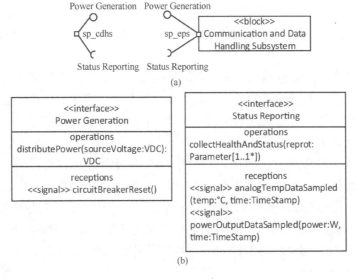

图 2-25 带有标准端口的模块

2）行为属性

SysML 提供了两种类型的行为属性：操作和接收。

（1）操作代表模块的行为。模块的操作由调用的事件触发。

操作的基本描述为

<operation name> (<parameter list>):<return type>

[<multiplicity]

其中：参数列表中参数用逗号隔开，多种性约束在从操作完成时能够给调用方返回类型的实例的数量。

（2）接收是由信号事件触发。与操作不同，接收触发后调用端不需要等待接收完成，触发接收操作接收后，继续执行自身行为。

接收定义的关键字是 receptions，可表示为

<<signal>><reception name>(<parameter list>)

接收名称与模型中触发它的信号名称匹配。接收建模示例如图 2-26 所示。

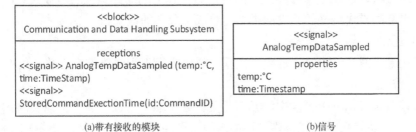

(a)带有接收的模块　　　　　　　　(b)信号

图 2-26 接收模块示例

3.5.2 关系

在 SysML 中，模块之间可以存在三种主要关系：关联、泛化和依赖。

1）关联

应用属性和组成部分属性与模块之间的关联分为引用关联和组合属性关联。

引用关联表示两个模块的实例之间存在连接关系。引用关联用实线表示，如果有箭头表示单向访问，否则为双向访问。两个模块之间可以存在多个引用关联，每个引用关系代表不同的引用属性。

通常引用关联有两种表示方法，如图 2-27 所示。显示在引用关联末端的角色名称与引用属性名称相关（引用属性另一端的模块）。图 2-27（a）中的引用关联角色名称为 eps 代表飞行计算机模块的一个引用属性，它的类型是电力子系统；角色 fc 代表属于电力子系统模块的引用属性，它的类型是飞行计算机模块。图 2-27（a）的含义与图 2-27（b）相同。图 2-27（b）采用的是引用分隔框表示法。

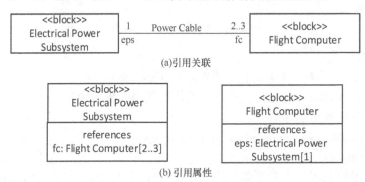

图 2-27 引用关联和引用属性

组合关联表示模块之间结构上的分解关系。一个模块的实例是由组合关联的其他模块实例组成。组合关联采用实线端带实心菱形表述。

如图 2-21 所示，DS-77 卫星系统模块由电力子系统、姿态及轨道控子系统、环境控制子系统和通信与处理处理子系统四个组合关联组成。

在组合关联的组成部分端显示的角色名称和组成部分属性的名称关联，关联的属性时组合端模块定义的，它的类型是组成部分端的模块。

2）泛化

泛化表示两个元素之间的继承关系，泛化的标识为实线带空心的三角形。

3）依赖

依赖关系表示一个模块中的元素（又称客户端）依赖于另一个模块的元素（又称提供者）。依赖关系标识为带箭头的虚线，箭头指向被依赖者，如图 2-28 所示。

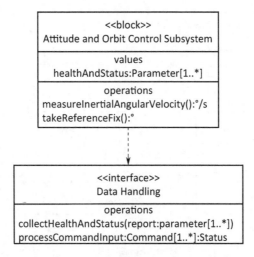

图 2-28 两种元素之间的依赖关系

3.6 内部块图

内部块图主要表示模块内部的组成结构关系，内部块图和块定义图相互补充。内部模块图显示对模块的使用。

内部块图包含一组部件，以及部件与端口之间的关系。内部块图主要建模图元如表 2-4 所列。

表 2-4 内部块图的建模图元

建模图元	名称	标识符	描述
Ant:Antenna	模块	Internal block	一个可包含数据和行为的实体
↔ ◇	流端口	FlowPort	端口是某一结构对外部结构提供的交互点，是结构间进行数据或事件、功能交换点的一种方式和抽象
□	标准端口	StandardPort	
▶	项目流	Project Flow	代表在系统中两种结构之间流动的事件、能量或者数据的类型
──	连接器	Connector	

1）组成部分属性

内部模块图的组成部分属性与模块定义图的组成部分属性相同，它表示一种结构，用实线边矩形标识。

组成部分属性说明规范为

\<part name>:\<type> [multiplicity]

通信与数据处理子系统内部块图（部分）如图 2-29 所示。

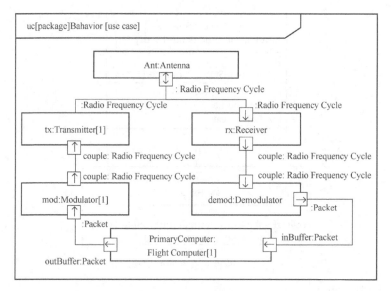

图 2-29 通信与数据处理子系统内部块图（部分）

2）引用属性

内部模块图的引用属性与模块定义图的引用属性相同，内部模块图中引用属性采用虚线边框的矩形标识。

3）连接器

内部模块图中两个属性之间的关系用连接器表示。

连接器说明规范为

<connector name>:<type>

两个模块之间可以按照标注名称和类型方式直接连接，也可以通过标准端口或流端口连接。标准端口和流端口的定义与块定义图一致。

4）项目流

项目流代表在系统中两种结构之间的流动的事件、能量或者数据类型。项目流采用实心的三角箭头表示，箭头显示在连接两个流端口的连接器上。项目流类显示在连接器箭头旁边的标签上，标签是已经定义或存在的模块、值类型或信号名称。

此外，内部模块图能够显示内嵌在属性中的其他属性。内嵌组成部分的连接器有两种表示方法：跨内嵌属性的边界直接表示连接器；在内嵌属性边框上增加端口与外部属性连接。

3.7 参数图

参数图定义一组系统属性以及属性之间的关系，用来表示模块中属性之间的关系，可以是基本的数学操作，也可以是数学表达式。

参数图定义一组系统属性以及属性之间的参数关系。参数关系用来表示系统结构模型中属性之间的依赖关系，说明一个属性值的变化对其他属性值得影响。作为分析模型，参数模型能够支持权衡分析，评估各种设计方案。

参数图的主要建模图元如表 2-5 所列。

表 2-5　参数图的建模图元

名　　称	标识符	描　　述
约束块	Constraint Block	对系统元素属性约束关系封装为块，一个约束块通常可定义多个约束参数，并通过与系统元素属性绑定，建立与系统元素属性之间的约束关系。约束块在块定义图中定义，在参数图中使用
约束属性	Constraint Property	当两个约束块具有可分解或组合关系时，子约束块就是父约束块的一个约束属性
约束参数	Constraint Parameter	约束块中定义的参数，通常与系统元素的属性绑定
约束连接符	Binding Connector	用来建立约束参数与系统属性的绑定关系

3.8　活动图

活动图用于描述工作流、业务流程，或者将执行流分解为一系列活动和子活动的算法。活动图可以是简单活动序列，或带有条件分支和并发的并行活动。

SysML 活动图对 UML 的活动图进行了扩展。

1）对象令牌和控制令牌

令牌是一个抽象概念，表示某种元素在活动之间的流动。SysML 中存在对象令牌和控制令牌。其中，对象令牌表示在活动中流动的时间、能量或数据实例，它表示一个动作的输入或输出；控制令牌表示活动中某个动作在活动执行过程中处于启用状态。

2）动作

动作是活动的基本功能单元。一个动作代表某种处理、转换等。

基本动作采用圆角矩形标识。动作可以采用自然语言的文本描述形式，也可以采用规范的程序语言。如动作 {C}currentObritRadius=currentAltitude+earth.radius 中 {C} 表示是用 C 语言编写的。

（1）调用动作。调用动作是一种特定的动作，它启动时会触发另一种活动。调用动作调用的对象可以是交互、状态机或者其他活动。

调用动作说明规范为

<action name>:<Behavior Name>

行为名称是定义好的交互、状态机或者活动。如果表示调用动作的圆角矩形的右下角出现分支符号，则表示被调用对象是活动。当调用动作触发另一活动时，调用动作的栓必须与所调用活动的活动参数匹配。

（2）发送信号动作。发送信号动作是一种特殊的动作，它启动时会异步生成信号，并把信号发送到目的地。发送信号动作采用类似路标的五边形标识。发送信号动作发送的信号在标识内部显示。

（3）接受事件动作。接受事件动作表示活动在继续执行之前，必须等待发生一个异步事件。接受事件动作采用尾部带三角形槽的五边形标识，接收的信号名称显示在五边形（如图 2-30 中左边的 Obrit Radius Updated 动作）中，信号必须是已经定义的信号类型。执行过程中，当接收信号到达，接收事件动作完成，控制流会继续活动的下一个节点。如图 2-30 中定义了发送信号动作与接收信号动作 Obrit Radius Updated。如果发送信号动作已经生成一个 Obrit Radius Updated 实例，那么接收信号动作就立即完成，并在输出控制流中提供控制令牌，接收信号动作完成，然后执行下一个节点。如果发送信号动作没有生成一个 Obrit Radius Updated 实例，那么接收信号动作必须等待 Obrit Radius Updated 实例。

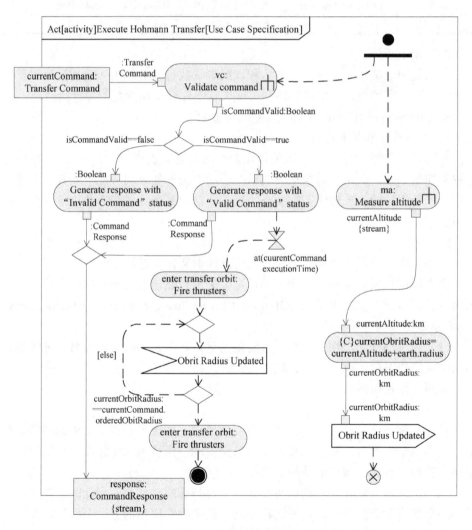

图 2-30　活动图示意

（4）等待时间动作。等待时间动作标识为沙漏（如图 2-30 中动作 10），同时在沙漏旁边标注时间表达式。

时间表达式可以指定绝对时间事件，也可以指定相对时间事件。绝对时间事件的表达式以关键字 at 开始，相对时间事件以关键字 after 开始。如图 2-30 所示的等待时间动作为绝对时间动作，当控制令牌到达等待时间动作输入控制流时，该动作启动。当时间到达 cuurentCommand executionTime 时，等待时间动作完成，并在输出控制流中提供控制令牌。

当等待时间动作启动时，如果等待时间动作标注的是相对时间事件，则时钟开始计时。当计时达到相对时间事件表达式要求时，等待时间动作输出控制令牌。

3）对象节点

对象节点表示事件、能量或数据。对象节点连接两个动作，表示第一个动作产生的对象令牌是对象节点的输入，对象令牌是第二个动作的输入。

对象节点采用矩形标识，其说明规范为

<object node name>:<type> [<multiplicity>]

对象节点的类型为定义的模块、值类型或信号。

（1）栓是一类特殊的对象节点，它表示为动作矩形边框上的方块。方块中可以添加箭头表示输入或输出的方向，如果两个栓连接则可以不标注箭头。栓与动作绑定，表示动作的输入或输出。栓的说明规范与对象节点相同。栓的名称显示在栓图标的附近。

如图 2-31 所示，两个动作都带有对象节点和栓的活动表示。

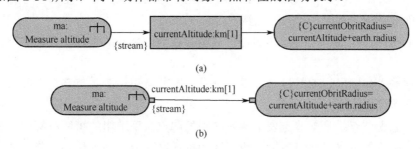

图 2-31 两个动作之间的对象节点

（2）活动参数是另一类特殊的对象节点，它标识为横跨活动图外框的矩形，活动参数说明规范与对象节点的相同。

（3）流和非流表示对象令牌在动作和活动中的流动。

非流表示必须等待完成后才执行操作。对于非流输入栓，在执行时接收输入对象令牌，必须等到执行完后才消费到达的令牌。对于非流输出栓，必须等到连接的动作完成后，才输出令牌。活动或动作在执行过程中接收输入或产生输出的行为称为流，对于流行为的描述是在栓或活动参数名称后指定{stream}。

4）控制节点

控制节点主要是对活动执行的路径进行控制和管理。

控制节点包括初始节点、活动最终节点、流最终节点、决策节点、合并节点、分支节点和集合节点。

（1）初始节点。初始节点表示活动的起点，以实心圆形标识。活动中可以没有初始节点，没有初始节点的活动从没有输入边的动作开始。

（2）流最终节点。流最终节点表示控制令牌结束。当控制令牌到达流最终节点时，这个控制令牌销毁，表示这个控制流结束。

流最终节点标识为包含 X 的圆形，如图 2-30 中与发送信号动作输出到流最终节点。

（3）活动最终节点。活动最终节点表示控制令牌结束，当控制令牌达到活动最终节点时活动结束，活动中所有控制流结束。

活动最终节点标识为包含实心小圆的圆形，如图 2-30 中，动作 enter transfer orbit 关联的控制节点。

（4）决策节点。决策节点表示活动执行过程的选择行为，是活动中可替代序列的开始。决策节点标识为空心菱形，决策节点只有一个输入边，连接至少两个以上的输出边，每个输出边带有布尔表达式（显示在中括号内的字符串）。活动执行过程中，当令牌到达决策节点时，根据输出边的布尔表达式决定令牌的流向。

（5）合并节点。合并节点表示活动中可选序列的结束，采用空心菱形标识。合并节点连接多条输入边，只有一条输出边。

在活动执行过程中，当令牌通过任意输入边到达合并节点时，令牌立即传输给输出边。

根据输入和输出边的数量，可以区分是决策节点还是合并节点，合并节点和决策节点常常组合使用。

（6）分支节点。分支节点表示并发序列的起点，采用粗的短线段标识。分支节点只有一条输入边，连接多条输出边。活动执行过程中，当令牌到达分支节点时，令牌将复制到所有输出边上。每条边都按照各自的执行路径独立并发执行。

（7）集合节点。集合节点是活动中并发序列的结束，采用粗的短线段标识（与分支节点标识一致），集合节点拥有多条输入边和一条输出边。在活动执行过程中，当令牌到达集合节点的每个输入边时，集合节点会产生单个令牌传输给输出边，这时并发序列结束。

5）边

边表示节点或动作的顺序关系。边分为控制流和对象流。

（1）对象流。对象流表示对象令牌在一个节点向另一个节点流动，对象流采用带箭头的实线表示。

对象流除连接对象节点外，还可以连接决策节点、合并节点、分支节点和集合节点。

（2）控制流。控制流是一种传输控制令牌的边。当控制令牌到达时，可触发控制流连接的对象。

控制流可以采用带箭头的虚线或实线标识。

活动图不仅可以对活动中的动作进行建模，而且可以通过活动分区将活动分配给相应的结构。动作分区的表示方法与UML活动图中的泳道类似。

此外，SysML还提供时序图、状态图和包图的建模类型，这三种模型类型与UML的类似，这里不再叙述。

4. 实验过程

本实验由个人独立完成，实验的基本步骤如下。

（1）选择分析背景。按照要求，选择分析和建模的背景或案例。背景选择可从教师提供的背景集中选择比较熟悉的背景，也可根据个人情况，选择自己对功能和过程较熟悉的背景。

这里选择DS-77卫星系统为设计对象。

（2）需求分析。根据选择的背景或案例，分析系统的需求，通过用例图和需求图进行需求建模。

首先利用用例图建模梳理系统的需求，建立用例图（部分）如图2-32所示。

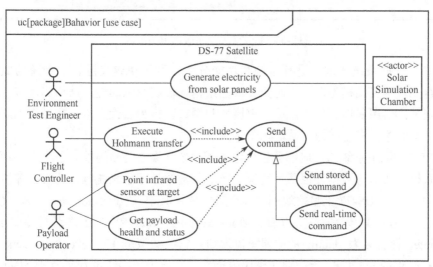

图2-32　DS-77卫星系统用例图（部分）

基于建立的用例图，分析系统的需求，并利用需求图建立需求模型，如图 2-32 所示。

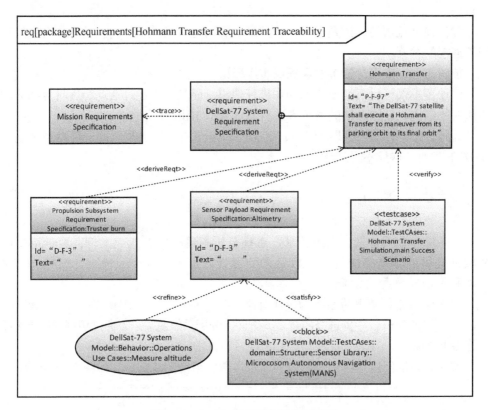

图 2-33 DS-77 卫星系统需求图示例

（3）根据系统需求，进行结构和功能分析，利用块定义图建立系统的组成结构。建立块定义图模型时，同时定义块的结构属性和行为属性，结构属性包括组成部分属性、引用属性、值属性、约束属性和端口。行为属性主要包括操作，同时通过块之间的关系描述结构关系，如图 2-34 所示。

DS-77 卫星系统的组成部分包括电力子系统、姿态与轨道控制子系统、环境控制子系统、通信与数据处理子系统等。通信与数据处理子系统包含备份计算机的数量为 1～2 个。DS-77 卫星模块拥有多个属性值，其中，Timestamp 是一种定义好的值类型，它可以有任意多的值；Housekeeping Data 就是流类别类型。Flight Computer 拥有名为 dataIn 的非原子流端口，它的类型是 Housekeeping Data 流类别，Housekeeping Data 流类别在模块中定义了。电力子系统带有名为 dataOut 的非原子流端口，它的类型也是 Housekeeping Data 流类别。这种情况下，Housekeeping

Data 前增加波浪线（～）。（～）表示 dataOut 流端口是共轭的，表示 Housekeeping Data 流类别的方向会反转。

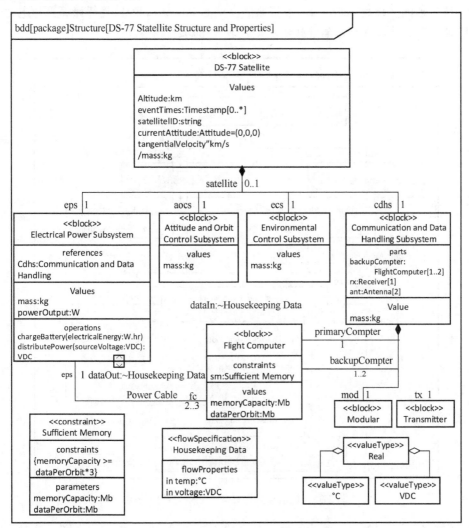

图 2-34　DS-77 卫星系统模块定义图示例

电力子系统、通信与数据处理子系统都包含操作的定义。角色 aocs 代表 DS-77 卫星系统模块拥有的组成部分属性，它的类型是姿态及轨道控制子系统。

（4）根据建立的块定义图，细化模块的内部组成和结构，建立内部块图。根据如图 2-33 所示的模块定义中通信与数据处理子系统（模块）关系，建立通信与数据处理子系统内部模块图如图 2-34 所示。

在设计中，图 2-34 和图 2-35 是互补关系。图 2-34 中通信与数据处理子系统的属性和图 2-34 中的对应属性要保持一致。图 2-35 中飞行计算机与电力子系统连接，连接器的名称是 pcPower，连接器的类型是 Power Cable。飞行计算机与电力子系统通过非原子流端口沿着连接器流动代表°C 的项目流。

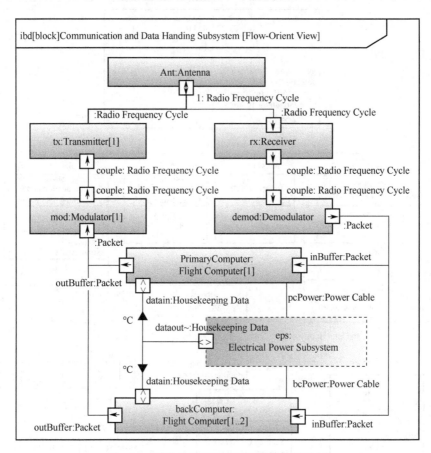

图 2-35　通信与数据处理子系统内部模块图

（5）分析系统的动态行为特性，分别建立活动图、时序图和状态图。针对建立的系统组成、结构以及功能分析，分别利用活动图、时序图和状态图表示系统的动态行为特性。

图 2-36 所示为活动图示例，图 2-36 中定义了发送信号动作与接收信号动作 Obrit Radius Updated。动作 Obrit Radius Updated 为发送信号动作，它表示当输入栓接收到令牌时，或一部产生 Obrit Radius Updated 信号实例，把 currentOrbitRadius 值传输给它的目标方，并产生一个控制令牌。如果发送信号动作已经生成一个 Obrit Radius Updated 示例，那么接收信号动作就立即完成，并在输出控制流中提供

控制令牌，接收信号动作完成，然后执行下一个节点。如果发送信号动作没有生成一个 Obrit Radius Updated 示例，那么接收信号动作必须等待 Obrit Radius Updated 实例。

图 2-36 所示的等待时间动作为绝对时间动作，当控制令牌到达等待时间动作输入控制流时，该动作启动。当时间到达 cuurentCommand executionTime 时，等待时间动作完成，并在输出控制流中提供控制令牌。在图 2-36 所示活动图中，ma 动作拥有流输出栓。图中发送信号动作输出到流最终节点，动作 enter transfer orbit 关联的控制节点。

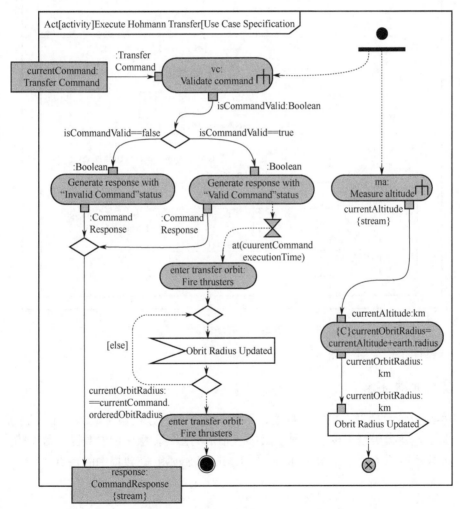

图 2-36　活动图示例

时序图示例如图 2-37 所示。

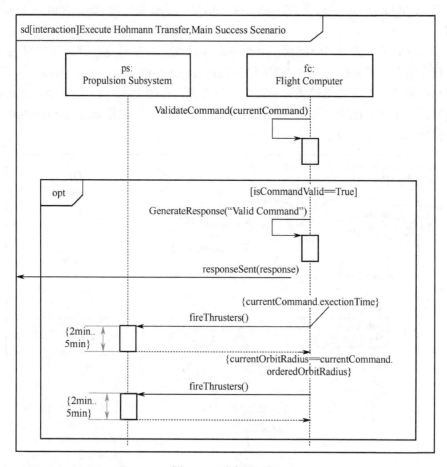

图 2-37　时序图示例

状态图示例如图 2-38 所示。

5. 实验报告要求

实验报告包括以下内容：概述、系统分析过程、建模步骤、SysML 模型和小结。其中，建模类型不少于 7 种，必须包括活动图、需求图和参数图。每个模型的建模元素不少于 4 个。小结中对比分析 UML 和 SysML 在建模中的特点。

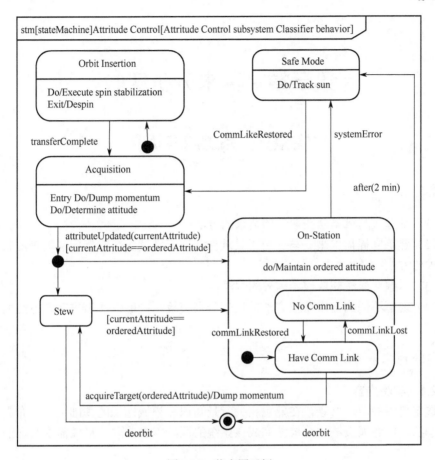

图 2-38 状态图示例

第三章 需求分析实验

实验五 系统需求获取

1. 实验目的

（1）掌握头脑风暴法获取原始需求的方法；

（2）熟练掌握需求采集与分析工具软件开展问卷调查，掌握问卷调查法获取原始需求的方法；

（3）掌握会谈法获取原始需求的方法；

（4）理解不同的需求获取方法的过程记录模板，能够形成需求获取方法的过程记录。

2. 实验内容和要求

2.1 实验内容

选定典型的应用背景，在熟悉相关背景知识和领域知识的基础上，分布利用头脑风暴法、问卷调查法、会谈法完成该系统的原始需求获取，形成需求获取的过程记录。

实验的主要内容包括：

（1）选择合适的案例背景，并收集相关资料；

（2）根据实验背景，选择需求获取方法和需求获取的来源；

（3）使用不同的需求获取方法获取原始需求；

（4）形成原始需求的记录。

2.2 实验要求

（1）确定头脑风暴主题和参与人员，组织开展头脑风暴，使用头脑风暴记录表记录头脑风暴的结果；

（2）熟练掌握需求采集与分析软件设置不同的角色，设置规范的问题，能针对不同的调查人员制作不同的调查问卷，并开展问卷调查，汇总不同人员提交的调查问卷；

（3）确定会谈对象，预约会谈并组织会谈，开展会谈并获取不同会谈对象的原始需求；

（4）总结头脑风暴法、问卷调查法和会谈法的记录表，形成原始需求。

3. 准备知识

3.1 头脑风暴法

使用头脑风暴法可用于收集用户需求。在进行头脑风暴之前，需选定角色和头脑风暴的主持人，每次头脑风暴选定一个主题，主题由主持人确定，在进行头脑风暴的过程中应锁定问题，不能跑题。

主题示例：

> 业务需求：在理想情况下，你想用××系统中做哪些事情，你通过什么活动完成任务目标？
> 系统需求：在理想情况下，××系统具备哪些功能要求和非功能特性要求？

在执行头脑风暴过程中，避免提出过于宽泛、难以说清楚的问题。在头脑风暴实施时，不能带有偏见的情绪，尽量避免用户没有经验的事情。如确实没有经验，可通过角色代入，在进行头脑风暴前按角色了解角色的领域背景。

头脑风暴的基本原则包括：

（1）所有的想法都是正确有用的；
（2）必须发言、鼓励直抒己见；
（3）观点越多越好，引发联想；
（4）用户无须尝试设计系统；
（5）主持人把握主题，引导发言；
（6）可询问重复的问题。

头脑风暴法获取需求清单，记录成文字，形成需求池。在形成需求池之后，让参与人员对需求进行排序，可通过问题使用户聚焦，如"如果只能选 5 项，你选择哪些"。

头脑风暴法实践记录表如表 3-1 所列。

表 3-1 头脑风暴法实践记录表

实践案例名称	
头脑风暴会议主题	
时间及地点	
参会者及角色	
主持人	
记录人	
收集需求的数量	
本次头脑风暴的具体过程及情况	
说明头脑风暴的过程、收集的需求的情况、讨论的情况。（可附页）	

续表

本次头脑风暴获取的需求
按条目列出头脑风暴法获取的需求。（可附页）
实践体会
撰写使用头脑风暴法进行案例信息系统需求获取的主要收获、体会等。（可附页）
你认为本次头脑风暴会成功吗？ □很成功 □成功 □一般 □不成功

3.2 问卷调查法

3.2.1 问卷调查法介绍

问卷调查法是使用问卷调查的形式来获取需求，使用问卷调查法的重点是设置有效的问卷。设置问卷时一般可站在问卷答题者或开发设计人员角度提出问题，问卷问题要求简单易懂，问题越详细越好，问卷要求排版整齐、无错别字、无排序错误。可借助需求采集与分析工具软件开展问卷调查。

使用问卷调查法获取需求的记录模板如表3-2所列。

表3-2 使用调查问卷法获取需求的记录模板

案例名称：
小组成员：
问卷设置情况： 概述问卷设置了××轮问卷；针对哪些人员的问卷；列出问卷表格。
答题情况： 概述答题情况，附答题人的答卷表格。
实践总结： 总结本次实践，分析实践过程中存在的问题和可能的解决方法。

3.2.2 需求采集与分析软件介绍

需求采集与分析软件是一款由国防科技大学自主研发的用于需求采集与分析的辅助软件，可用于原始需求采集、调查问卷的设置和收集、基于节点图、时序图等的需求模型设计、基于 GJB 438B 或 IEEE 830 标准的需求模板管理等。

1）软件特点

需求采集与分析软件系统通过需求工程的理论方法探索，研究信息系统的需求论证方法、原理和关键技术，提出一套系统、科学、规范的信息系统需求开发方法，研制一套一体化的需求获取、建模/描述分析和管理的软件环境，全面支持各级各类信息系统的需求论证工作，提高信息系统的顶层设计水平。

需求采集分析软件系统主要包括用户管理、项目管理、需求采集、需求分析、系统管理，详细介绍如下。

（1）用户管理：用来管理用户的账号以及该账号在本系统中的访问权限。

（2）项目管理：能够管理现已创建的所有项目和新建新的项目。

（3）需求采集：用来采集管理原始需求，包括需求问卷管理、问卷采集管理、笔录采集管理、文档采集管理、采集需求检查和原始需求管理功能。

（4）需求分析：主要用来对需求进行分析操作，包括文本需求管理、文本需求建模、需求变更管理、需求模板管理功能。

（5）系统管理：用来维护管理整个系统的数据及行为日志，包括数据维护管理、行为日志管理和系统版本管理功能。

2）软件组成

需求采集与分析工具软件的主界面包括菜单窗口、可视化编辑窗口。菜单窗口位于界面的左侧，用于显示需求采集分析工具软件的功能选择，如图 3-1 所示。可视化编辑窗口是最核心的编辑窗口，主要对各类功能选择进行编辑和展示，如图 3-2 所示。

3）设置问卷

在需求采集与分析软件中的"问题模板管理"中设置文本类问题，如图 3-3 所示。问题设置时需要针对不同的角色和用户，设置不同的问题，或者针对不同的类的需求，设计不同的问题，如功能需求类问题、非功能需求类问题、用户需求类问题等。

设置完问题后，可配置问卷，在新增的问卷中关联的问题。其中，关联的问题从已设置的文本类问题中选择。设置完问卷后须配置回答问卷的用户，待用户配置完毕后，需回答问题的用户可以用本账号登录需求采集与分析工具，回答问卷。

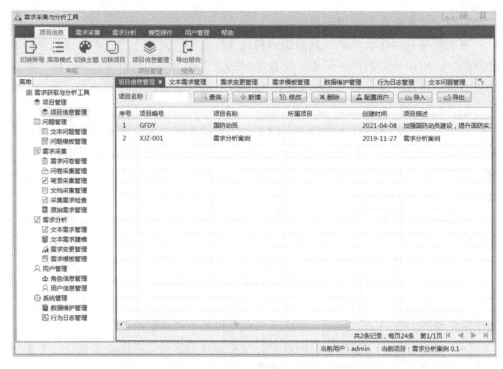

图 3-1 需求采集与分析工具软件主界面（见彩图）

图 3-2 可视化编辑窗口举例（见彩图）

图 3-3　新增文本问题示例

3.3　会谈法

会谈法，是指通过谈话交流的形式获取需求。会谈法获取需求的注意事项如下：

（1）做好准备工作，具备正确的预备知识；

（2）使受访人有轻松愉快的心情；

（3）具备细致的洞察力、耐心和责任感；

（4）创造恰当的语境；

（5）不对受访人进行暗示和诱导；

（6）如实记录访谈结果，不曲解受访人的回答。

使用会谈法获取需求的记录模板如表 3-3 所列。

表 3-3　使用会谈法获取需求的记录模板

访谈的详细问题列表： （根据不同的访谈对象设置不同的问题，问题涵盖业务需求、系统需求、信息需求等方面）
被访谈者一的领域背景及角色： 被访谈者一的回答情况：
被访谈者二的领域背景及角色： 被访谈者二的回答情况：
（根据不同的访谈者增加相关的问题回答记录）……

4. 实验过程

本实验由小组分工完成，实验的基本步骤如下。

（1）针对案例背景，搜集相关的原始资料，使用头脑风暴法获取原始需求，小组内确定头脑风暴的主持人及其他角色，实施头脑风暴，记录人记录头脑风暴的过程，主持人总结头脑风暴的结果。对存在互斥的需求，使用投票选择，最后填写头脑风暴记录表。

（2）针对头脑风暴法获取的需求，小组分工，针对不同类型的被调查者和调查主题，使用需求采集和分析软件制定相应的问卷，将问卷分发给被调查者填写，收集并整理问卷。

（3）针对调查问卷获取的需求，使用会谈法进一步明确各类需求。小组分工，确定会谈对象，确定针对不同会谈对象的会谈问题，进行会谈预约，组织会谈，会谈后总结会谈成果，填写会谈情况记录表。

（4）根据头脑风暴记录表和会谈情况记录表，对需求进一步整理，形成需求分类清单，包括业务需求、系统需求、信息需求、其他需求等。

注意：在使用需求采集与分析软件设置问卷时，可根据需要设置多轮次的问卷，循序执行。例如，首轮问卷，可着重强调项目的一般需求的采集，掌握项目概况；第二轮问卷，可强调项目的具体需求的采集，全面采集需求；第三轮问卷，侧重对需求的查漏补缺。

5. 案例

5.1 案例假设

假定案例的背景为国防动员系统。国防动员系统是提供动员态势感知、动员潜力掌控、动员需求处理、动员筹划决策、动员信息管理等动员指挥保障能力，为国防动员部门组织开展国防动员保障活动提供业务支撑。

5.2 头脑风暴过程及记录

使用头脑风暴法，形成的实践记录表如表 3-4 所列。

表 3-4 头脑风暴法实践记录表

实践案例名称	国防动员系统
头脑风暴会议主题	国防动员系统的使命任务是什么？
时间及地点	2022 年 6 月 6 日
参会者及角色	张三、李四（需求采集人员）、赵××（用户）、张××（用户）
主持人	张三（需求采集人员）
记录人	李四
收集需求的数量	7

续表

本次头脑风暴的具体过程及情况
围绕"国防动员系统的使命任务是什么"这一主题,参会人员进行了头脑风暴讨论。首先,对国防动员系统的定位进行了头脑风暴。参会人员一致认同国防动员系统是国家为应对战争或其他军事威胁,采用一定的措施,将平时状态转入战时状态,使得国防潜力转化为国防实力而进行的活动;然后,对国防动员系统执行任务的过程进行了头脑风暴讨论;最后,参会人员对国防动员系统的动员对象、工作流程、功能组成等方面的需求进行了头脑风暴,形成了一致的结论
本次头脑风暴获取的需求
(1)国防动员是国家为应对战争或其他军事威胁,采取非常措施将社会诸多领域全部或部分由平时状态转入战时状态,使国防潜力转化为国防实力而进行的准备、实施及其他相关活动。 (2)国防动员既要应对传统安全威胁,又要应对非传统安全威胁,具备应对战争状态和应对紧急状态的双重功能,还具有服务于社会和经济发展的功能。 (3)国防动员的对象包括了武装力量动员、国民经济动员、人民防空动员和政治动员。包括了人力资源、物力资源和财力资源。 (4)国防动员的实施过程是:国家发布动员命令后,由各级人民政府、各级军事机关采取行动,实施动员。现役军人停止退出现役,休假、探亲的军人必须立即归队,预备役人员随时还准备应召服现役,机关、团体、企业事业单位和乡镇人民政府负责人,必须组织本单位被应召的预备役人员,按照规定的时间、地点报到;交通运输部门要优先运输应召的预备役人员和返回部队的现役军人。 (5)国防动员系统的功能应包括动员情况感知、动员潜力上报、动员需求处理、动员决策、信息管理等。 (6)实施国防动员的时间应尽可能短,一般控制在 20 天以内
实践体会
通过头脑风暴法进行需求采集,对国防动员系统的需求有了概要的理解
你认为本次头脑风暴会成功吗? □很成功 ■成功 □一般 □不成功

5.3 问卷调查的过程及结果

5.3.1 案例系统的调查问卷设置

设计的问题包括三类,分别设置了对不同用户的问卷。问卷设置情况如图 3-4 所示。

图 3-4 需求问卷设置(见彩图)

5.3.2 案例系统问卷调查的结果

需求问卷调查结果示例如图 3-5 所示。

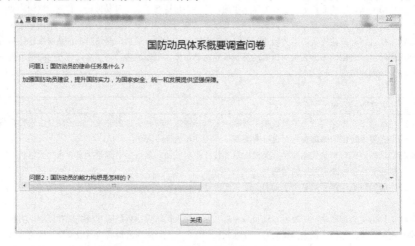

图 3-5　需求问卷调查结果示例（见彩图）

5.4 会谈记录过程及记录

使用会谈法获取的会谈情况记录如表 3-5 所列。

表 3-5　会谈情况记录表

访谈的详细问题列表： （1）国防动员系统的可靠性需求包括哪些方面？ （2）国防动员系统的保密性需求包括哪些方面？
（1）被访谈者一的领域背景及角色：张三，某地区人民武装部干事。 （2）被访谈者一的回答情况：国防动员系统的可靠性主要要保证连续工作无故障，一般是要求 100 小时以上连续工作无故障。能防御黑客攻击。 （3）国防动员系统的保密工作首先是人员内部的保密，内部人员要注意对整个系统操作及数据的保密，不得将移动设备等带入涉密场所；其次要注意国防动员系统位置的保密性，包括网络上和物理上的，要设立强大的防火墙和保密机制，不要让敌方有攻破我方系统的可能；三是要建立保密责任制体系，加强自上而下的监管力度，从而保证保密工作的平稳有序
被访谈者二的领域背景及角色：李四，某国防动员系统技术人员。 被访谈者二的回答情况：国防动员系统需要注意安全保密，要把系统安装在国产计算机上。经常进行安全隐患的排查，确保时刻保持通信链路的通畅。

6. 实验报告要求

实验报告包括以下内容：概述、需求获取的过程、需求清单、小结和附件材料。其中，小结内容包括对需求获取方法和理解和认识、需求获取过程中遇到的问题及解决方法等。附件材料包括头脑风暴记录表、调查问卷和会谈情况记录表。

实验六　系统需求建模与分析

1. 实验目的

在需求获取实验部分中获取的原始需求，需要建模和分析，进而形成较规范、完整、一致的需求分析结果。本部分的使用目的包括：

（1）熟练使用需求采集与分析工具进行需求规格说明模板的定制；

（2）熟练使用需求采集与分析工具进行用例图、时序图、活动图的需求建模分析；

（3）熟练使用需求采集与分析功能进行需求规格说明的撰写及报告导出。

2. 实验内容和要求

2.1　实验内容

以某典型信息系统为背景，基于需求获取实验的结果，使用需求采集分析软件对原始需求进行建模，并开展相关分析，定制需求规格说明模板，形成规范的需求规格说明文档。

实验的主要内容包括：

（1）安装需求采集与分析工具；

（2）选用典型系统作为需求建模和分析的对象，根据需求获取的结果，基于面向场景的分析方法，使用需求采集与分析工具软件进行用例图、活动图和时序图的模型描述，进一步明确各类需求；

（3）进行需求规格说明模板的定制和采集，完善需求规格说明中各条目的需求描述；

（4）导出需求规格说明文档。

2.2　实验要求

（1）通过基于需求采集与分析工具，开展系统的需求建模与分析，熟练掌握基于场景的需求分析方法；

（2）熟练掌握使用文本、UML 序列图、UML 活动图、UML 用例图进行需求建模和分析的方法；

（3）理解 GJB 438B 等标准对需求规格说明的要求，能够使用需求采集与分析软件对需求规格说明的模板进行裁剪，能够对需求规格说明的内容进行分析、完善，能够使用需求采集与分析软件导出形成规范的需求规格说明文档。

3. 准备知识

3.1 需求采集与分析软件的需求建模与分析功能

本部分的系统建模实验主要建模了原始需求，需要对原始需求进一步分析，形成规范、一致、完整的业务需求、系统需求、信息需求和其他需求，并最终形成规范的需求规格说明文档。

3.1.1 形成原始需求

在通过问卷调查、会谈法等获取的需求后，通过需求采集与分析软件转入原始需求，如图 3-6 所示。通过原始需求管理模块将问卷采集、笔录采集、文档采集的需求转入到原始需求。

图 3-6 原始需求管理图（见彩图）

3.1.2 需求建模与分析

通过需求采集与分析软件，对转入的原始需求进行导入，并通过模板导入需求说明的目录，确定需求的名称和需求的状态，通过文本编辑和需求管理，对需求进行文本的描述。根据实际需要，通过增加条目化需求并对条目化需求进行修改，如图 3-7 所示。

通过【文本需求建模】模块，可对文本需求进行用例图、活动图、时序图建模操作，如图 3-8 所示。

图 3-7 文本需求管理图（见彩图）

图 3-8 文本需求建模图（见彩图）

最后，在文本需求管理模块中，单击【导出报告】，可导出条目化的需求规格说明文档。文档中显示的内容为文本列表展示的信息。目录结构按 GJB 438B 中的需求文档目录展示。

3.2 面向场景的需求分析方法

在描述需求时，具体实例便于非技术人员理解。而当解释自己想要的东西时，最自然的方式就是使用场景。因此，产生了面向场景的需求分析方法。

场景描述了一个目标被满足或者未被满足的一个具体实例，提供了目标的具体细节，场景通常定义了一系列为满足目标而执行的交互步骤。场景扮演了介于真实世界和概念模型之间的中间层抽象角色。场景将需求置于上、下文中考虑，场景适合用于记录上、下文信息，能建立需求与相关上下文背景的关联，上、下文信息也能通过场景进行较为规范的描述。

场景描述的相关内容如下：

（1）参与者：与系统交互的人或其他系统；
（2）角色：刻画了一种特定类型的参与者；
（3）目标：执行场景是为了实现某个目标；
（4）前置条件：执行某个场景前必须满足的条件；
（5）后置条件：执行完场景后，应该满足的条件；
（6）资源：一类特殊的前置条件，如时间、资金等；
（7）场所：场景的执行必然在现实或虚拟的场所中进行。

3.2.1 场景的描述方法

场景的描述方法主要包括叙述性描述、结构化描述和基于模型的描述三类方法。

1）叙述性场景

使用自然语言的方式描述场景的交互序列。其优点是所有涉众都很容易理解，可交流不同抽象层次的信息，重要的方面可以重点描述。不足是由于输入通常是用户的口头表达，需要需求分析人员进行后续完善。

2）结构化场景

采用结构化的方式描述交互步骤和上下文信息，可显著改进自然语言描述场景的可读性和可理解性。一般来讲，场景步骤的结构化描述方法有两种：一是枚举场景步骤，通过枚举所有场景中的步骤来具体描述场景；二是交互序列的表格化描述。

3）基于模型的场景描述

叙述性场景和结构化场景受自然语言本身特性的局限，而模型化描述可以使场景更清晰、简洁，并减少二义性，能更好地从需求过渡到设计。

统一建模语言（UML）是软件工程领域公认的标准化建模语言，可以实现从需求到设计的无缝对接。UML中适合用来描述场景的模型主要有：序列图、活动图和用例图。

3.2.2 UML 序列图

UML 序列图主要适合于描述场景的交互序列，用来表示对象之间的行为顺序，是强调消息实践顺序的交互图。使用 UML 序列图描述场景须注意避免在过于细致的层面上描述交互，如果序列图过于复杂，则将其划分为多个图。此外，还应避免大量使用组合片段，遵守"每个场景只包含一个交互序列"的规则。

图 3-9 给出了一个使用序列图描述"目的地导航"场景的示例。其中，时序图组成包括 4 个基本元素：对象、生命线、激活和消息。对象用矩形框表示，表示时序图中的对象在交互中扮演的角色。生命线是一条垂直的虚线，表示对象的存在。在时序图中，每个对象的底部都有生命线；生命线是一个时间线，其长度取决于交互的实际。激活代表时序图中对象执行一项操作的时期；消息是对象之间的通信内容。

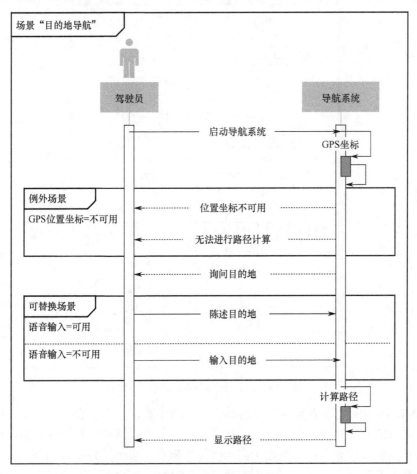

图 3-9 UML 序列图描述场景的示例

使用 UML 序列图描述场景交互的建模过程如下：
第一步：构建对象；

第二步：构建对象的生命线；

第三步：根据对象之间的交互顺序，在生命线上构建激活和消息；

第四步：根据对象的交互过程，在序列中增加例外场景、可替换场景等描述。

3.2.3 UML 活动图

UML 活动图强调系统与一系列用户随着时间的交互序列，侧重于描述在多个场景之间的控制流（控制流是指不同参与者的活动以及这些活动可能的顺序）。图 3-10 给出了活动图描述场景的示例。

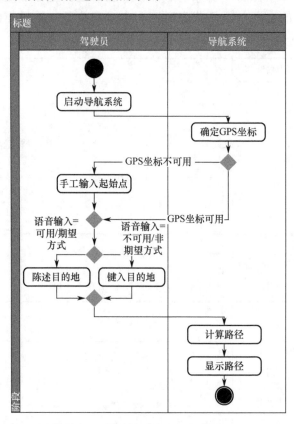

图 3-10　UML 活动图描述场景的示例

UML 活动图的组成元素主要包括活动、动作流、分支、合并、分叉、汇合、泳道、对象流等。其中，活动表示流程中任务的执行；活动之间的转换为动作流，使用带箭头的直线表示；分叉用于将动作分为两个或多个并发运行的分支；汇合用于同步这些并发分支，以达到共同完成动作的目标；汇合代表两个或多个并发流程同步发生，当所有的控制流达到汇合点后，控制才能继续往下进行；泳道将活动图中的活动分为若干组，并指定给具体的对象执行。

使用 UML 活动图对主场景、可替换场景及例外场景之间的关系进行建模的过程如下。

第一步：根据场景所涉及的对象，构建场景所涉及的对象；

第二步：创建初始节点；

第三步：根据场景间的交互过程，创建活动，根据活动之间的逻辑关系和时序关系，创建分支、合并、分叉、汇合、连接线、最终节点等；

第四步：增加相关注释。

3.2.4 UML 用例图

UML 用例图表示了系统中用例与参与者之间关系，描述了系统中相关的用户和系统对不同用户提供的功能和服务，用例图相当于从用户的视角来建模和描述整个系统，分析系统的功能与行为。用例图中的主要元素包括参与者、用例以及元素之间的关系。此外，用例图还可以包括注释和约束，也可以将包组合成模块。

用例图中参与者用人形图表示，用例用椭圆表示。用例是动宾短语，用例是相对独立的，是由参与者启动的。用例之间的关系包括泛化关系和依赖关系。一个用例可以隶属一个或多个参与者，一个参与者可以参与一个或多个用例。图 3-11 给出了用例图描述场景的示例。

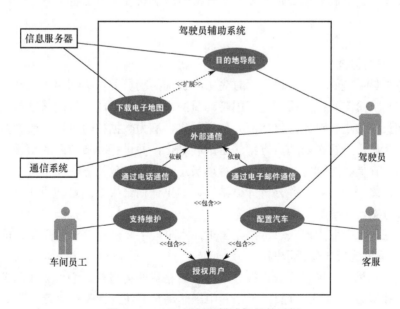

图 3-11 UML 用例图描述场景的示例

系统中的参与者一般可分为四类：

（1）主要业务的参与者，主要从用例的执行中获得好处的关联人员；

（2）主要系统参与者，直接同系统交互以发起或触发业务活系统事件的关联人员；

（3）外部服务参与者，相应来自用例的请求的关联人员；

（4）外部接收参与者，从用例中接收某些价值或输出的非关联人员。

使用UML用例图描述场景的过程如下。

第一步：识别系统边界和参与者，创建参与者；

第二步：创建用例，创建参与者与用例之间的关系；

第三步：创建用例之间的关系。

4. 实验过程

需求建模与分析的过程如下。

第一步：根据需求获取实验结果，转入原始需求。

第二步：设置需求模板，通过需求模板导入需求规格说明的目录，确定需求的名称和需求的状态，通过文本编辑和需求管理，对需求进行文本的描述。

第三步：采用基于场景的方法分析具体的需求，如使用UML序列图来描述用例中的交互顺序，使用UML活动图对场景之间的关系进行描述，使用UML用例图概述系统与参与者之间的关系。

第四步：检查需求是否完备并导出规范的需求规格说明文档。

5. 案例

5.1 案例假设

国防动员系统的运行过程为：首先由各级国防动员委员会制定国防动员需求，包括制定需求想定等；然后，进行国防动员的需求潜力对比，将国防动员的需求与现有的动员潜力进行对比，包括潜力数据采集、潜力数据校验审核、潜力数据对比分析等；其次，进行国防动员方案的生成和细化，并进行动员信息的填报，包括信息的录入、存储、查询等；最后，进行动员总结评估，包括评估模型构建、预案匹配，生成最终评估结果，并分析评估结果，如果评估结果不满足动员需求，则反馈修改动员方案，指导满足国防动员需求。

假定在需求获取中已获取了原始需求，本阶段主要进行需求建模和分析。

5.2 需求建模与分析示例

设置需求模板，通过需求模板导入需求规格说明的目录，需求采集与分析软件中的需求模板设置如图3-12所示。其中国防动员系统的用例图、活动图、时序图在功能需求、作战过程、信息需求中分解进行建模及分析。

对国防动员的动员任务规划子系统功能需求进行建模分析，功能需求用例图描述如图3-13所示。

图 3-12　国防动员系统需求模板设置（见彩图）

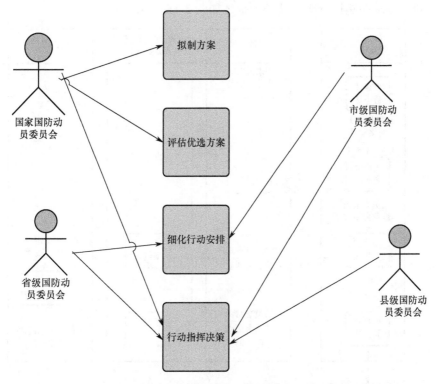

图 3-13　动员任务规划子系统功能需求用例图描述（基于 UML 用例图）

对国防动员需求中的信息需求分析，序列图描述如图 3-14 所示。

65

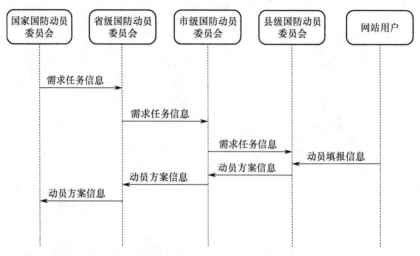

图 3-14 国防动员系统信息需求的序列图描述（基于 UML 序列图）

对业务需求的建模分析，活动图描述如图 3-15 所示。

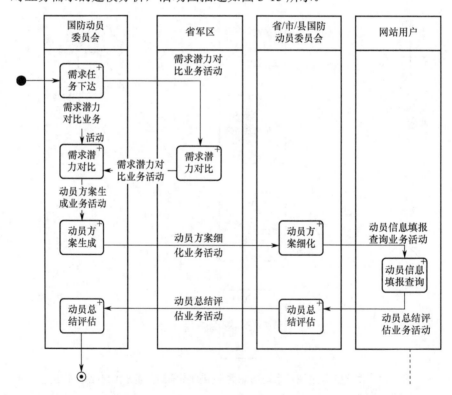

图 3-15 国防动员系统的业务需求的活动图描述（基于 UML 活动图）

6. 实验报告要求

实验报告参考 GJB 438B 中对需求规格说明文档的要求，主要包括以下内容。
（1）范围包括：
① 标识；
② 系统概述（来自需求分析结果）；
③ 文档概述。
（2）引用文档。
（3）需求包括：
① 要求的状态和方式（来自需求分析结果）；
② 业务需求（来自需求分析结果）；
③ 系统功能需求（来自需求分析结果）；
④ 系统性能需求（来自需求分析结果）；
⑤ 系统外部接口需求（来自需求分析结果）；
⑥ 系统内部接口需求（来自需求分析结果）；
⑦ 系统内部数据需求（来自需求分析结果）；
⑧ 可靠性需求（来自原始需求清单及需求分析结果）；
⑨ 适应性需求（来自原始需求清单及需求分析结果）；
⑩ 安全性需求（来自原始需求清单及需求分析结果）；
⑪ 保密性需求（来自原始需求清单及需求分析结果）；
⑫ 标准需求（来自原始需求清单及需求分析结果）；
⑬ 设计和构造的约束（来自原始需求清单及需求分析结果）；
⑭ 人员需求（来自原始需求清单及需求分析结果）；
⑮ 培训需求（来自原始需求清单及需求分析结果）；
⑯ 保障需求（来自原始需求清单及需求分析结果）；
⑰ 其他需求（来自原始需求清单及需求分析结果）。
（4）注释。

第四章 体系结构设计实验

实验七 体系结构设计

1. **实验目的**

    (1) 掌握面向多视角的体系结构设计方法;
    (2) 熟练掌握能力视角、业务视角、系统视角相关核心模型的设计;
    (3) 熟练使用信息系统分析设计平台开展体系结构设计实践;
    (4) 能够形成体系结构设计报告。

2. **实验内容和要求**

    ### 2.1 实验内容

    以典型信息系统为背景,在熟悉相关背景知识和领域知识的基础上,利用体系结构与方案设计工具完成体系结构设计。

    实验的主要内容包括:
    (1) 安装体系结构与方案设计工具;
    (2) 选择典型系统作为设计对象,根据需求建模和分析结果,创建体系结构设计方案;
    (3) 根据梳理形成的能力需求,开发能力视角中的能力分类模型、能力依赖模型、能力与组织映射关系模型、能力与活动映射关系模型;
    (4) 根据梳理形成的业务需求,开发业务视角中的业务资源流描述模型、组织关系图、业务活动模型。
    (5) 根据梳理形成的系统需求,开发系统视角中的系统功能描述模型、系统组成描述模型、业务活动与系统功能映射关系、业务活动与系统映射关系等模型。
    (6) 根据上述开发的模型,形成体系结构设计方案,导出并进一步完善体系结构设计报告。

    ### 2.2 实验要求

    (1) 掌握多视角的体系结构设计方法;
    (2) 掌握能力视角设计方法;

（3）掌握业务视角设计方法；

（4）掌握系统视角设计方法；

（5）根据体系结构与方案设计工具软件导出的体系结构设计报告，补充报告中的相关内容，形成完整的体系结构设计报告。

3. 准备知识

3.1 体系结构设计框架

体系结构框架为指挥信息系统体系结构的开发提供了统一规范。体系结构数据元模型是在体系结构开发过程中必须遵循的数据规范。体系结构框架和数据模型是体系结构设计的基础。

从 1986 年第一个信息系统体系结构框架 Zachman 框架出现以来，已经在军用领域和民用领域出现多种体系结构框架。军用体系结构框架的演化过程如图 4-1 所示。此外，企业体系结构 TOGAF（The OpenGroup Architecture Framework）是民用领域使用最广的架构框架，目前已经更新至 TOGAF 10。

美军最早提出体系结构在军事信息系统的应用，建立了国防部体系结构框架，并根据网络中心战的要求，不断进行修订。随着以数据为中心的技术和网络中心战的需求的变化，客观上要求体系结构的数据更加严谨，产品的表现形式更加灵活多样。为适应此要求，美国国防部于 2009 年推出了 DoDAF 2.0。在 DoDAF 1.5 的基础上扩充了视图和产品，包括了全视图、能力视图、数据与信息视图、作战视图、项目视图、服务视图、标准视图和系统视图等 8 类视图和 52 种产品。DoDAF 2.0 更加强调以数据为中心，强调体系结构数据的组织、收集和维护。

为适应国防部建设的需要和网络中心战的需求，英国国防部在借鉴 DoDAF 和北约体系结构框架 NAF 的基础上，在 2007 年开发了英国国防部体系结构框架 MODAF 1.1，并在 2008 年更新为 MODAF 1.2。北约在 2000 年开始使用体系结构方法来设计并指导其信息系统的建设，制定了北约体系结构框架 1.0（NAF 1.0），在 2005 年提出了北约体系结构框架 2.0（NAF 2.0），2007 年开发了北约体系结构框架 3.0（NAF 3.0），并将体系结构框架的应用范围扩展到除 C3I 系统之外的其他领域。针对短期、中期和长期的战略决策需求，NAF 3.0 采用了顶层体系结构（Overarching Architecture, OA）、参考体系结构（Reference Architecture, RA）、目标体系结构（Target Architecture, TA）和基线体系结构（Baseline Architecture, BA）来进行描述，增加到作战视图、系统视图、技术视图、全视图、服务视图、能力视图和项目视图 7 类视图共 33 个产品。

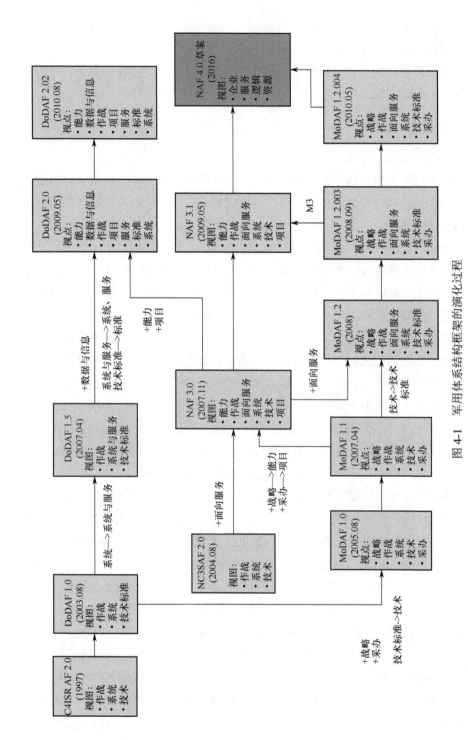

图 4-1 军用体系结构框架的演化过程

随着美国、英国、北约等国家与组织对军事信息系统体系结构框架的不断探索，其他国家纷纷建立起本国的体系结构框架，如法国 AGATE、加拿大 DNDAF、意大利 MDAF、澳大利亚 AusDAF。这些框架虽然指导了本国家或组织的体系规划与管理，但是随着框架的不断增多，框架支持的语言也不尽相同，为体系结构框架的发展提出了挑战：模型无法交互，导致不同政府/组织之间的互操作性/集成出现问题；因为潜在的不同的实现方式，支撑同一框架的建模工具之间的信息交互相当困难。为了提供一种兼容的体系结构框架描述语言，OMG 组织提出了 UPDM（Unified Profile of DoDAF and MODAF）框架，试图提供一种利用 UML/SysML 来表示符合 DoDAF、MODAF 和 NAF 规范的体系结构的标准方式。UPDM 更新了 DoDAF 与 MODAF 的数据元模型，并规范了每一种体系结构描述模型的开发方式。UPDM 1.0 包含了对 DoDAF 1.5, DoDAF 2.0 以及 MoDAF 1.2 的兼容，UPDM 2.1 增加了对 NAF 3.0 的兼容，UPDM 3.0 增加了对 DoDAF 2.02、NAF4.0 以及其他国家的体系结构框架的兼容。UPDM 实现了体系结构框架向共享统一的语义、元模型、本体发展，并且为 UAF 的提出提供了指导。

2017 年 12 月，国际对象管理组织（OMG）发布军用和民用领域统一架构框架 UAF1.0。UAF 是下一代的 DoDAF 与 MoDAF 的统一规范（UPDM），它明确了 DoDAF 2.02、MoDAF 1.2，以及源自 DNDAF 和 NAF 4.0 的安全视图。UAF 确定了自己的领域元模型 DMM，其核心概念是基于 DoDAF 的数据元模型 DM2 以及 MoDAF 的本体数据交换机制 MoDEM。UAF 的目的是为国防组织结构提供一种体系结构描述的标准表达方式。较之传统的 DoDAF 框架，UAF 改进了人员、服务、标准等要素，增加了项目战略、安全、实际资源等内容，并且删除了节点要素，组成了新的抽象视角（战略、作战、服务、人员与资源、安全、项目、标准）。针对每一视角，确定了不同的视图类型（View Type），主要包括过程、连接性、结果、分类、信息、参数、交互场景、状态、追溯性、路线图以及约束，进而形成了抽象视角与视图类型组成的视图矩阵，实现了一种比 UPDM 更好的模型分类方式，提供了更具逻辑性和次序的视图集合。因此，UAF 可以对更广泛的复杂系统构建体系结构，包括硬件、软件、数据、人员和设施要素等；从上至下对复杂体系的设计与执行构建一致的体系结构；支持对复杂系统的分析、规范设计与验证；提升了基于 UML/SysML 或其他建模标准的不同工具之间的体系结构信息交换能力。

3.2 体系结构能力视角设计方法

能力视角模型从顶层提出对信息系统能力发展的要求，确定系统的能力需求、能力指标以及能力关系等，用于支持系统能力的规划，以及统筹系统各组成要素的建设发展。本实验指导书主要从能力分类、能力依赖、能力与组织映射关系以及能力与活动映射关系等模型展开设计。下面简单介绍这些模型。

3.2.1 能力分类模型

能力分类模型没有强制采用的建模方法，但是所采用的方法必须能够支持结构化/分层级列表的表达要求。这种结构可以是文本、列表或图形。一般建议采用树型结构的图形形式。能力分类模型示例如图 4-2 所示。

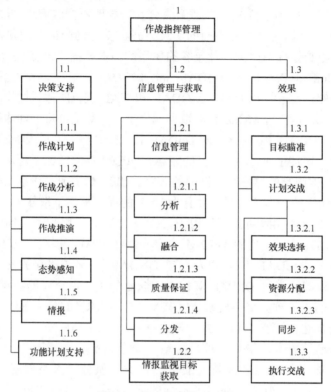

图 4-2 能力分类模型示例

1）能力

以树形图中的节点表示能力。树结构中的每个节点通常用方框或其他形状描述，方框中标注能力名称，也可对编号进行标注。每个树节点（如方框）表示一项能力或子能力。节点的子节点表示该能力对应的子能力。每项能力必须给出明确的定义，定义文字要清晰简练。每项能力的详细定义、相关属性和衡量标准可以采用列表的形式附在图后。

能力的相关属性可以采用表格的形式描述，能力属性描述示例如表 4-1 所列。

表 4-1 能力属性描述示例

名 称	标 识	描 述	指 标	状 态
××能力	×××	×××	测量误差<10m	新建
⋮				

2）能力从属关系

节点间的连线表示节点所代表能力间的层次或从属关系。一条连接线的源端或树结构的父节点表示父能力，线的终端或子树结构的子节点表示子能力。如图 4-2 中决策支持为父能力，作战计划、作战分析、作战推演、态势感知、情报和功能计划支持是子能力，树形结构体现了能力间的从属关系。

3.2.2 能力依赖模型

能力依赖模型常用的建模方法是图形和矩阵。

1）图形形式

能力依赖模型的图形描述方式示例如图 4-3 所示。图中用方框表示能力，用连接线表示能力间的依赖关系。方框间的嵌套关系表示能力间的父子层级关系。连接线连接两项能力，表示箭头所指向的能力依赖连接线另一端对应能力的实现。对关系的描述，还可根据需要通过文字、附表等进行细化。

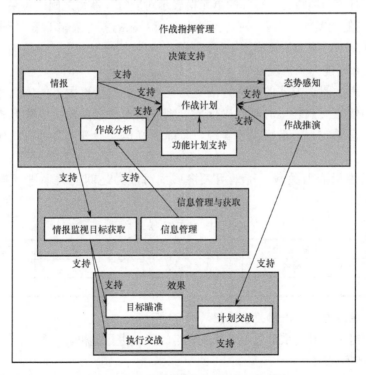

图 4-3　能力依赖模型图形描述方式示例

对于从属结构的能力，即能力间存在父子包含关系，由于父能力之间的关系可以通过子能力关系来体现，因此，在建模过程中重点考虑叶子能力之间的关系。

2）矩阵形式

能力依赖模型的矩阵描述方式示例如表 4-2 所列。

表 4-2 能力依赖模型的矩阵描述方式示例

基础能力		决策支持				信息管理与获取		…
		情报	作战分析	作战计划	…	情报监视目标获取	信息管理	…
决策支持	情报			√		√		
	作战分析			√				
	作战计划							
	⋮							
信息管理与获取	情报监视目标获取							
	信息管理		√					
⋮								

表中，矩阵行列元素集合相同，都来自能力分解定义的能力集。矩阵的每一行和每一列都对应一项能力。矩阵的单元格表示对应行列能力之间的关系。若矩阵中第 i 行第 j 列的元素如为"√"，则表示第 j 列所对应的能力依赖于第 i 行所对应的能力。一般情况下，能力依赖模型中的能力集主要包括叶子能力，上层能力之间的关系可以通过叶子能力来体现。

相对而言，图形方式的建模方法更为直观，信息量更大，能体现能力的层次关系。但当依赖关系较多时难以确保所绘制的图形清晰美观；矩阵形式的建模方法附带的信息量较少，但更易于实现，且能更好地支持开展各种自动化分析处理操作。

为详细说明能力关系，可采用表格形式对能力之间的关系进行补充说明，如表 4-3 所列。

表 4-3 能力关系描述示例

关系名称	源 能 力	目 的 能 力	描　　述	类　　型
关系 1	情报	作战计划		支持
⋮				

3.2.3 能力与组织映射关系模型

能力与组织映射关系可采用矩阵或表格的形式进行建模。

1）矩阵形式

能力与组织映射关系的矩阵描述形式示例如表 4-4 所列。其中，矩阵的每一行代表一个组织，每一列代表一项能力，矩阵中的每一个单元格代表所在行列元素的映射关系。矩阵中第 i 行第 j 列的元素如为"√"，则表示第 i 行所代表的任务需要第 j 列所代表的能力的支持。如该元素为"—"，则代表该组织不需要对应能力的支持。

表 4-4 能力与组织映射关系的矩阵描述形式示例

组织＼能力	能力 A1.1	能力 A1.2	能力 A1.3	能力 A1.4	能力 A2.1
组织 1.1	√	√	√	√	√
组织 1.2	√	√	√	√	√
组织 2.1	√	—	—	—	—
⋮					

如需对关系进行详细说明，可以采用表格或文本进行补充说明，如表 4-5 所列。

表 4-5 能力与组织关系属性描述示例

关系名称	能 力	组 织	描 述	类 型
支持 1	能力 A1.1	组织 1.1	组织 1.1 的执行强烈依赖于能力 A1.1	强依赖
⋮				

2）表格形式

能力与组织映射关系的表格描述形式示例如表 4-6 所列。表中每一行代表一条对应关系，表头包括能力序号、能力名称、能力定义、组织序号、组织名称和组织定义。用户还可根据需要增加列，用来说明组织对能力的实现程度等信息。

表 4-6 能力与组织关系的表格描述形式示例

关系名称	关系标识	关系类型	能力序号	能力名称	能力定义	组织序号	组织名称	组织定义
			1.1	能力 1.1		2.1	组织 2.1	
			1.2	能力 1.2		1.1	组织 1.1	
			2.1	能力 2.1		1.1	组织 1.1	
			2.1	能力 2.1		1.2	组织 1.2	
⋮								

相对而言，矩阵形式的建模方法更为简洁直观，且矩阵中不存在冗余信息，而表格形式的建模方法可描述的内容更多，但可能存在大量的冗余信息，也不够直观。

能力与活动对应关系的描述与能力与组织对应关系描述方法类似，本书不再赘述。

3.3 体系结构业务视角设计方法

业务视角详细描述业务活动、与业务相关元素以及支撑业务活动所需要的信息交换，是实现前述能力视角中明确的能力的基础。本书主要从业务资源流描述模型、组织关系图、业务活动模型等几个模型进行设计。

3.3.1 业务资源流描述模型

业务资源流描述模型描绘在信息系统中发挥重要作用的特定业务节点（它们完成的主要业务活动）和业务节点间存在的信息交互关系及信息交换的细节。其用途是用图形和文字勾画出业务节点及其间信息交换的逻辑连接关系，但不描述节点之间的物理连接关系。

业务资源流描述模型可以采用扩展拓扑图来建模，如图 4-4 所示。每个核心业务至少应该有一个业务资源流描述模型，以及代表核心作战任务的业务资源流描述模型综合集成为体系级业务资源流描述模型。

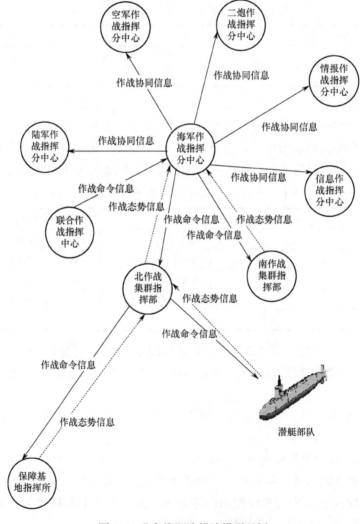

图 4-4 业务资源流描述模型示例

（1）业务节点一般用带文本的圆、椭圆、矩形活动图标表示。所有必须与某个给定的核心业务互动的业务节点都将在业务资源流描述模型中被描述。每个业务节点必须至少要与一个业务活动相关。每个业务节点必须指定类型，即"逻辑"或"物理"类型。

（2）需求线用带箭头的直线、曲线或折线表示。一般使用一类需求线来表示具有相同的业务节点源和目标对的所有信息交换。每个业务节点至少与一条需求线相关联，尽可能使需求线箭头不相交。

（3）业务活动在图上一般不直接显示，通常作为业务节点的属性进行配置，表示这些业务活动被分配给该业务节点执行。业务活动来源于业务活动模型，业务资源流描述模型中通常不直接创建或命名业务活动。每个叶级业务活动必须被分配给至少一个业务节点。

（4）信息交换。在业务资源流描述模型中，每个需求线至少指定一类信息交换。

在画出业务资源流描述模型的关系图后，还需要配以表格对该产品进行详细说明，如表4-7和表4-8所列。

表4-7 顶层业务节点的节点信息属性表

业务节点名称	业务节点描述	业务节点类型	业务节点物理指示	完成的业务活动
联合作战指挥中心	未来联合作战的最高指挥、决策机构	作战指挥节点	物理的	发布××命令；接收××战场态势信息
海军作战指挥分中心	海军作战指挥的指挥、决策机构	作战指挥节点	物理的	发布××命令；接收××战场态势信息；接收××作战命令；上报××战场态势信息；处理××协同信息
空军作战指挥分中心	空军作战指挥的指挥、决策机构	作战指挥节点	物理的	发布××命令；接收××战场态势信息；接收××作战命令；上报××战场态势信息；处理××协同信息
⋮				

表4-8 顶层业务节点的连接关系属性表

业务节点连接关系名称	业务节点连接关系描述	起始节点名称	终止节点名称	完成的信息交换
作战命令信息	筹划、指挥有关陆军岛屿作战的信息	联合作战指挥中心	陆军作战指挥分中心	××命令、××指示、××计划
作战命令信息	筹划、指挥海上作战指挥分中心行动信息	联合作战指挥中心	海军作战指挥分中心	××计划、××批复、××通知
作战命令信息	筹划、指挥空军作战行动的信息	联合作战指挥中心	空军作战指挥分中心	××指示、××批复、××通知

3.3.2 组织关系图

组织关系图通常采用树形关系图方法进行建模，如图 4-5 所示。

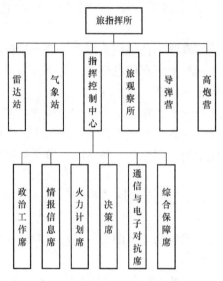

图 4-5 组织关系图描述模板

图 4-5 中，组织单元用矩形框表示，组织单元之间的关系用实线或虚线表示，其他设计要素用组织单元或组织关系的属性进行建模。

为了详细说明组织关系，需要对组织关系图配上表格，如表 4-9 和表 4-10 所列。

表 4-9 ××组织关系图单元描述表

组织名称	组织描述	军兵种类型	组织代码	组织职责	组织类型	人员角色
旅指挥所	对旅防空作战实施指挥控制的组织机构	陆军	×××	• 根据上级命令、指示，拟制、上报旅作战实施计划； • 拟制、下达作战命令、指示； • 组织、掌握各营和其他下属单位的作战行动； • 汇总并上报部队情况和作战情况； • 组织与其他作战部队的防空协同	指挥组织	配旅长 1 名，参谋长 1 名，…
指挥控制中心	组织开展各项指挥控制活动的旅本级组织机构	陆军	×××	• 根据上级命令、指示，拟制、上报旅作战实施计划； • 拟制、下达作战命令、指示； • 汇总并上报部队情况和作战情况； • 组织与情报、通信、保障等中心的协同	指挥组织	配主任 1 名，副主任 2 名，…
︙						

表 4-10　组织关系说明表

关系名称	关系类型	关系描述
××指导关系	指导关系	××组织对××组织的态势分析、作战筹划等提出指导意见
××协调关系	协调关系	××组织协调××组织开展××工作
××协同关系	协同关系	××组织与××组织在完成××任务时，互通情报信息、作战计划和作战行动状态，密切控制各自部队和武器装备
⋮		

其中，对组织单元要详细说明组织的基本情况、军兵种类型、组织代码，列出组织的详细职责，明确组织的类型（如指挥组织、保障组织、情报组织等），并明确该组织单元的人员角色配置。需要说明的是，一个组织单元需要配属的人员，应该根据组织职责以及所承担任务的工作负荷，综合考虑人员能力、工作负载、工作效率等因素确定，有条件时还可以开展一定的仿真分析工作，来确定具体的人员需求。

3.3.3　业务活动模型

业务活动模型主要描述完成一项能力所执行业务活动间的层次分解关系，以及业务活动间的输入和输出信息流。为了细化业务活动，可以梳理支撑业务执行所需的业务活动，并对业务活动进行分解，直至满足设计人员的需要。业务活动模型可以指定业务活动的执行机构、遵循的原则。

业务活动的过程模型主要针对层次较高的体系结构设计对象，主要描述业务活动的层次分解关系，以及各项活动的输入/输出、机制和控制等信息，一般采用 IDEF0 模型建模。IDEF0 是一种对目标系统或主题域的功能、活动和过程进行结构化描述的功能模型。IDEF0 的基本内容包括图形建模语言和对开发模型完整方法学的描述。

IDEF0 是一种连贯、简单的功能建模语言，表达能力强，能在任意层次、任意粒度用图形表现商业、制造业或其他类型的组织活动。IDEF0 强调细节的层次化展示，增强了系统分析员、开发人员及用户之间的交流。IDEF0 是针对复杂系统问题求解而提出的，是一种使用简单、功能强大的结构化、图形化系统建模分析和设计方法。IDEF0 方法集中了功能分解法和数据流方法的优点，能同时表达系统的活动和数据流以及它们之间的关系。

IDEF0 模型是一种层次化模型，用于描述功能活动及它们的关系。它用框图形式说明特定的步骤、操作和执行活动所需要的信息，以及特定活动是如何与其他活动相联系的。

IDEF0 活动模型还包括用于定义图中使用的术语、标记等的术语表以及说明整个图表的解释性文本。

1）活动

活动是 IDEF0 模型中的关键构件，是一个命名了的过程、功能或任务。为了强调简单性并利于综合集成,在 IDEF0 建模中把过程、功能、任务、活动及组件活动等都称为活动。活动是对环境中发生事件的描述,如在分析范围内执行的工作,必须用一个动词定义。活动用一个矩形框表示,每一个活动框用一个动词或动词短语进行标注,在右下角用一个数字对其进行编号。一个典型的活动框图示例如图 4-6 所示。

2) ICOM

ICOM 是和活动相关的 4 种信息:

(1) 输入用于描述活动输入的数据或物质,输入遵循一定的原则产生输出;

(2) 控制用于描述活动发生的约束条件,它控制着输入向输出的转化以确保过程连贯一致;

(3) 输出用于描述活动产生的信息或物质;

(4) 机制通常指执行活动的方法、手段。

ICOM 中的输入箭头对应输入信息,输出箭头对应输出信息,控制箭头对应控制信息,机制箭头对应执行者信息。

ICOM 的语义在图中用箭头表示,左侧为输入,上部为控制,右侧为输出,下部为机制,如图 4-7 所示。

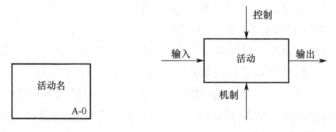

图 4-6 活动框图示例　　图 4-7 IDEF0 模型 ICOM 语法

在 IDEF0 中箭头传送数据信息或物质,可以分叉也可以汇聚,如图 4-8 所示。

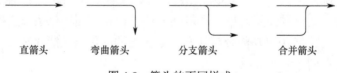

图 4-8 箭头的不同样式

3) 节点树

相关活动可以用一个自上而下的树状图形表示,称为节点树。节点树辅助确定一系列相关活动及可能的分解。节点树实际就是前面的作战活动分解模型。

4) 上下文图

上下文图是指 IDEF0 模型中编号为 A-n 的图。上下文图中 A-0 是必选,A-1,A-2,…等则是可选。它显示一个活动框及其相关的 ICOM,如图 4-9 所示。

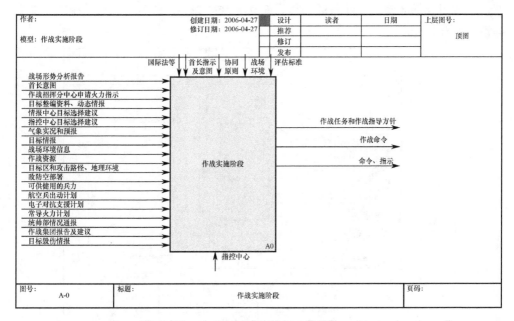

图 4-9 上下文图示例（见彩图）

上下文图可以文本形式添加建模的观点和目的，引导并约束模型的创建。观点是对建模角度的简单说明，它决定了在上下文中可以"看"到什么以及"看"的角度，不同的观点强调主题的不同侧面。目的则表达了建立模型的原因并决定了模型的结构。

5）图的分解

IDEF0 模型是一个层次化模型，它支持图的分解。图的分解可以将一个复杂活动细分为更小、更简单、更具细节的活动。图中的每一个活动都可能会用一个单独的更低层次的图进行更详细地描述，这种图称为被分解图的子图，它显示了其父活动框的内部情况。活动方框分解示例如图 4-10 所示。

在对一个活动进行分解的过程中，可能根据需要把该活动的 ICOM 导入到其子图中，通过这种约束可以保证子图与其父活动的一致性，进而保证整个模型与上下文图一致。

3.4 体系结构系统视角设计方法

系统视角是为了支撑能力视角和活动视角的实现，进一步明确得到的系统的主要组成关系、功能实现、指标实现等，是构建信息系统方案的关键环节。体系结构设计的系统视角核心定位在于粗粒度的系统开发方案，对于具体的信息系统设计仍需要在系统视角设计的基础上进一步明确设计细节。本部分主要从系统功能描述模型、系统组成描述模型、业务活动与系统功能映射关系、业务活动与系统映射关系等模型展开设计。

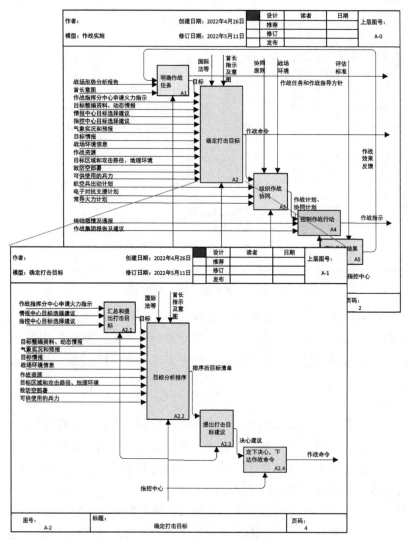

图 4-10 活动方框分解示例（见彩图）

3.4.1 系统功能描述模型

系统功能描述模型描述系统功能、系统功能的层次性及其之间的输入/输出数据流，确保功能分解到合适的粒度以及功能间的数据关系完整性。

系统功能描述模型可采用树状图表示系统功能的分类关系，也可以采用数据流图（DFD）表示系统功能以及外部数据之间的数据流向，分别如图 4-11 和图 4-12 所示。

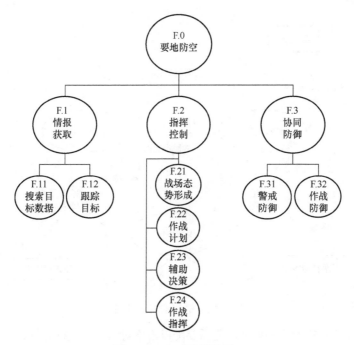

图 4-11　SV-4 建模示例 1

1）树状图

系统功能采用椭圆表示，功能名称显示在椭圆内部。图 4-11 描述了系统功能及其之间的包含关系。可以为每项功能添加标识，便于功能的识别，如为"要地防空"功能添加标识"F.0"。

2）数据流图

系统功能采用椭圆表示，功能名称显示在椭圆内部。图 4-12 描述了"情报获取"、"指挥控制"和"协同防御"功能。

系统数据流采用单向实线箭头表示，说明数据由起点传往终点，系统数据流的名称显示在直线上方，如图 4-12 所示。系统数据流存在于外部数据源与系统功能之间，如"要地态势"外部数据源与"情报获取"功能之间的"目标入侵数据"数据流；系统功能之间，如"协同防御"功能与"情报获取"功能之间的"作战通报数据"数据流；系统数据仓库与系统功能之间，如"兵要地志库"数据仓库与"指挥控制"功能之间的"作战通报数据"数据流。

系统数据仓库采用两条平行横线段表示，仓库名称显示在两条平行横线段之间，如图 4-12 中的"兵要地志库"数据仓库。

外部数据源采用矩形框表示，数据源的名称显示在矩形框的内部。图 4-12 描述了"要地态势"和"外部命令源"两种外部数据源。

83

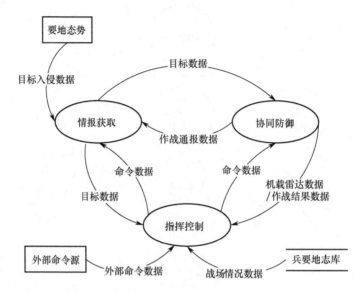

图 4-12 SV-4 建模示例 2

在建立 SV-4 的图形描述后，还需要配以表格对该产品进行详细说明，如表 4-11 所列。

表 4-11 系统功能属性表

功能名称	标 识	父功能名称	描 述	…
要地防空	F.0		执行要地防空系统功能	…
情报获取	F.1	要地防空	执行情报获取系统功能	…
指挥控制	F.2	要地防空	执行指挥控制系统功能	…
⋮				

3.4.2 系统组成描述

系统组成描述用于确定业务资源流描述中业务节点提供支持的系统及其组成元素，作为开发系统接口关系的基础。

系统组成描述可采用树形结构描述，表示系统和系统组件的层层划分关系，一个系统组成描述的建模示例如图 4-13 所示。

1）系统组成元素

系统组成元素采用矩形框表示，其中：代表内部系统组成元素的矩形框采用实线表示；代表外部系统组成元素的矩形框采用虚线表示。系统组成元素之间的包含关系采用实线连接线表示。系统组成元素的名字在矩形框内部显示。图 4-13 给出某要地防空系统的组成描述，其中"要地防空系统"包含"情报获取系统""指控系统"与"武器系统""情报获取系统"包含"防空雷达""指控系统"包含"指控中心设备""武器系统"包含"战斗机""战斗机"又包含"机载雷达"和"火力打击系统"。同时,可以给每个系统组成元素添加标识,便于识别,如在"情报获取系统"名称前面添加"S.1"。

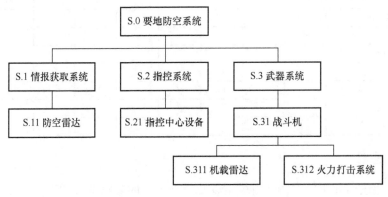

图 4-13 SV-1a 建模示例

2) 系统功能

可以根据需要标识每个系统组成元素实现的系统功能。一种方式是在代表系统组成元素的矩形框内标注系统功能的名称;另外一种方式是采用表格的形式说明每个系统组成元素对应的系统功能。图 4-13 中未描述系统功能。

在建立系统组成描述的图形描述后,还需要配以表格对该产品进行详细说明,如表 4-12 所列。

表 4-12 系统组成元素信息属性表

元素名称	标识	父元素名称	类型	实现功能集合	实现状态	实现形式
要地防空系统	S.0	顶层系统	内部	要地防空	未实现	系统
情报获取系统	S.1	要地防空系统	内部	情报获取	未实现	系统
指控系统	S.2	要地防空系统	内部	指挥控制	未实现	系统
武器系统	S.3	要地防空系统	内部	火力打击	已实现	系统
防空雷达	S.11	情报获取系统	内部	搜索目标、跟踪目标	需改造	硬件
⋮						

3.4.3 业务活动与系统功能映射关系

业务活动与系统功能映射关系以矩阵的形式描述。业务活动作为矩阵的行,系统功能作为矩阵的列,在矩阵的元素位置用"√"表示相应的系统功能对业务活动提供支持,若相应的系统功能不对作战活动提供支持,则矩阵元素位置为空,如表 4-13 所列。

业务活动与系统映射关系模型与上述模型描述方法一致,本书不再进行赘述。

表 4-13 系统功能与业务活动对应关系

作战活动 系统功能	A.1 情报 获取	A.11 目标 搜索	A.12 跟踪 定位	A.2 指挥 控制	A.21 情报 分析	A.22 作战 指挥	A.3 协同 防御	A.31 协同 警戒	A.32 协同 作战
F.1 情报获取功能	√	√	√						
F.11 搜索目标数据	√	√							
F.12 跟踪目标	√		√						
F.2 指挥控制功能				√	√		√		
F.21 战场态势形成				√	√				
F.22 作战计划				√		√			
⋮									

4. 实验过程

根据上述部分明确的待开发模型以及模型之间的数据关联关系，可以确定模型的开发顺序，作为实验的具体过程。模型的开发顺序大致分为如下步骤：

（1）根据案例新建体系结构设计项目；

（2）开发能力视角中的能力分类模型、能力依赖模型、能力与组织映射关系模型、能力与活动映射关系模型；

（3）开发业务视角中的业务资源流描述模型、组织关系图、业务活动模型；

（4）开发系统视角中的系统功能描述模型、系统组成描述模型、业务活动与系统功能映射关系、业务活动与系统映射关系等模型。

5. 案例

5.1 案例假设

以国防动员需求分析为输入，开展国防动员业务信息系统体系结构设计，从国防动员的能力视角、业务视角、系统视角等多个方面出发，选择适合的体系结构设计模型进行描述，梳理国防动员的体系结构设计方案，指导国防动员业务信息系统的具体设计。

5.2 体系结构设计

根据上面介绍的模型，选择部分模型进行描述。

1）能力分类模型

根据能力分类模型的定位，采用树状图的形式描述国防动员业务信息系统能力，主要包括任务规划能力、信息支撑能力、任务评估能力与行动调控能力。其中，任务规划能力主要是指能够根据国防动员的需求和潜力数据制定合适的动员任务方案；信息支撑能力是指国防动员业务信息系统应具备高效的信息采集、信息传输以及信息处理能力；任务评估能力是指对任务方案以及国防动员行动的效果进行评估的能力，判断是否需要再一次进行动员；行动调控能力是指在整个国防动员行动过程中业务信息系统支撑行动部署与开展的能力。能力分类模型示例如图 4-14 所示。

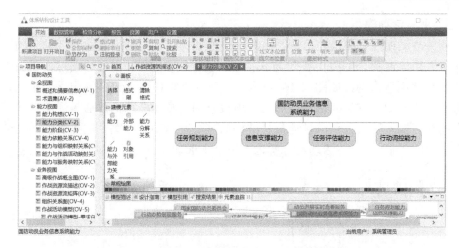

图 4-14 国防动员业务信息系统能力分类模型示例（见彩图）

2）能力依赖模型

能力依赖模型是指上述能力分类模型所明确的能力之间的依赖关系，常采用映射矩阵或者表格的形式进行描述。工具采用矩阵的形式进行描述，如图 4-15 所示，其中任务规划能力依赖于信息支撑能力，任务评估能力依赖于信息支撑能力和行动调控能力，信息支撑能力依赖于行动调控能力，行动调控能力依赖于任务规划能力和信息支撑能力。

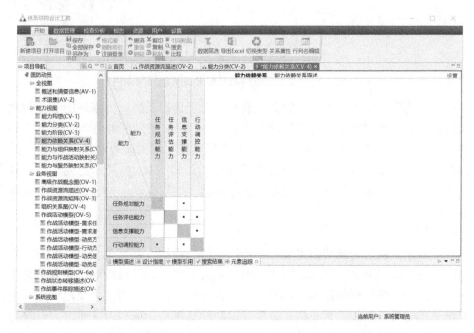

图 4-15 国防动员业务信息系统能力依赖模型示例（见彩图）

3）业务活动模型

业务活动模型主要描述信息系统所实现的业务活动集合以及业务活动之间的流程，可采用泳道图、IDEF0 图等方式描述。若采用 IDEF0 图进行描述，以国防动员业务活动模型为例，如图 4-16 所示，可包括需求任务下达、需求潜力对比、动员方案生成、动员方案细化、动员信息填报查询以及动员总结评估等活动。上述活动之间存在输入输出关系，且动员总结评估可再次为动员方案生成提供输入。活动框右上角的"+"表示该活动已分解为若干个子活动。

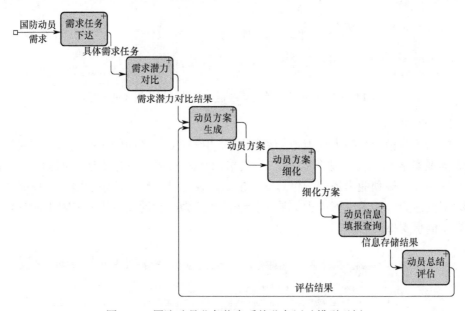

图 4-16　国防动员业务信息系统业务活动模型示例

业务活动模型支持业务活动的分层表示，对于仍需要进一步描述的业务活动，可以创建该业务活动的子业务活动流程图。以图 4-16 所示的业务活动模型为例，可进一步将需求潜力对比活动分解为潜力数据采集、潜力数据校验、潜力数据审核、潜力数据对比分析以及潜力数据存储等活动，如图 4-17 所示。同样，活动之间存在信息的输入输出关系。该业务活动模型通过上层活动创建子页面或者创建子模型得到。

4）组织关系图

组织关系图主要用来明确完成业务活动的组织机构，以及组织机构之间的指控与协同关系，常采用树状图或者网络图的形式进行描述。以国防动员业务信息系统为例，组织关系图示例如图 4-18 所示，该组织结构模型分两条主线，一条是由地方国防动员委员会组成，另一条是有军队国防动员部门组成，两条线之间存在协同关系。组织机构对业务活动的支撑可在业务活动模型中展示出来。

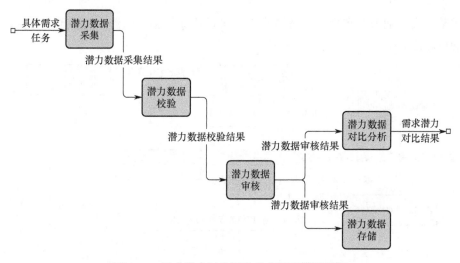

图 4-17 需求潜力对比活动业务活动模型示例

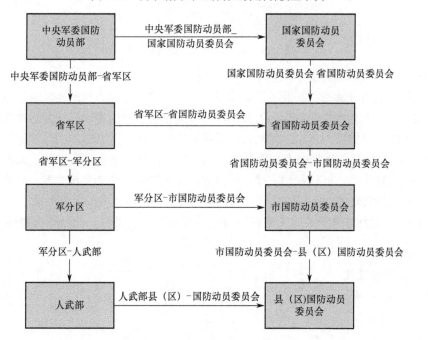

图 4-18 组织关系图示例

5）业务资源流描述模型

业务资源流描述模型主要表示支撑能力需求的业务节点以及业务节点之间的关联关系，常采用网络图的形式进行描述。以国防动员业务信息系统为例，如图 4-19 所示，主要包括需求任务制定节点、需求潜力对比节点、动员方案生成节点、行动方案细化节点、信息填报节点以及动员评估节点。业务节点由组织结构组成，表示完成某一类型业务的单元。业务节点之间可以传递信息资源流，类似于业务活动之间的信息流。

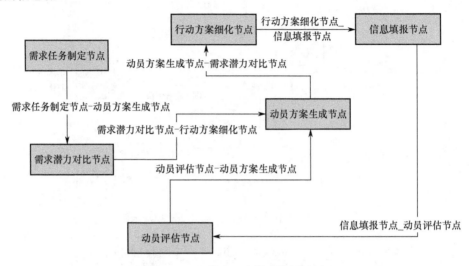

图 4-19 业务资源流描述模型示例

6）能力与活动映射关系模型

在创建能力分解模型与业务活动模型之后，便可描述能力与活动映射关系模型。该模型旨在建立能力与业务活动的关系，判断是否所有的能力均有业务活动实现、是否存在未能实现的能力需求。因此，可采用表格或者映射关系矩阵的形式进行描述，以图 4-20 中的任务规划能力为例，可由动员任务分解、动员任务细化、拟制多套方案、细化方案生成、细化行动安排、评估方案优选等业务活动支撑实现。其他能力也需要选择支撑实现的业务活动集合，作为能力视角与业务视角的主要关联。

同理，能力与组织映射关系模型与该模型描述方法类似，此处不再赘述。

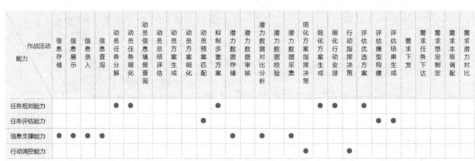

图 4-20 能力与活动映射关系模型示例（见彩图）

7）系统功能描述模型

为了进一步梳理支撑业务活动实现的系统和系统功能，需要明确信息系统所有的系统功能集合和系统组成部分。本书研究对象是国防动员业务信息系统等大型复杂的信息系统，因此会包含较多的系统功能以及子系统。需要在上述能力视角与业务视角的基础上，进一步梳理支撑上述内容实现的系统功能。系统功能描述模型主要在于描述所有的系统功能以及功能之间的分解关系，可采用树状图的形式进行描述。以国防动员业务信息系统为例，如图4-21所示，可将国防动员支撑功能分解为动员任务规划功能、动员态势展现功能、动员评估功能、信息门户功能、动员行动调控功能、潜力数据管理功能等。对于动员任务规划功能，可进一步分解为动员需求对接、综合方案生成、方案分解与细化等功能。这些系统功能既是根据设计人员的经验，从上述能力与活动梳理得到，也是用来支撑上述能力与活动实现的依据。

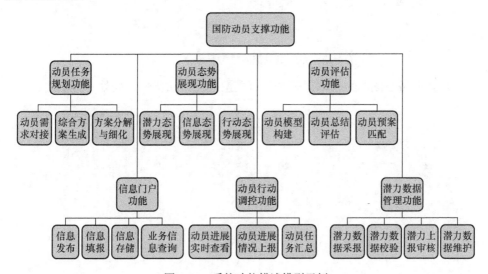

图4-21 系统功能描述模型示例

8）系统组成描述模型

根据系统功能的分解与描述，可进一步梳理信息系统的具体组成，称为系统组成描述模型。该模型主要采用树状图描述系统的分解关系，同时建立系统与系统功能的映射关系。以国防动员业务信息系统为例，如图4-22所示，该系统主要包括动员任务规划系统、潜力数据管理系统、动员任务调控系统、动员信息系统、动员评估系统以及动员态势展现系统。同时，动员任务规划系统完成的功能主要包括动员需求对接、方案分解与细化、综合方案生成三个功能。

9）业务活动与系统功能映射关系

当构建系统功能描述模型和系统组成描述模型之后，需要建立业务活动与系统功能的映射关系，判断是否所有的业务活动均有系统功能或者系统实现、是否存在没有系统功能或者系统实现的业务活动。同样的，业务活动与系统功能映射关系模型常采用表格或者矩阵的形式进行描述，以国防动员业务信息系统为例，如图 4-23 所示，例如信息存储业务活动由信息存储系统功能支撑。

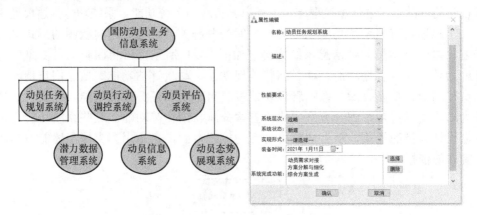

图 4-22　系统组成描述模型示例（见彩图）

同理，业务活动与系统映射关系与该模型描述方法类似，此处不再赘述。

系统功能 / 作战活动	业务信息查询	信息发布	信息填报	信息存储	信息态势展现	信息门户功能	动员任务汇总	动员任务规划功能	动员态势展现功能	动员总结评估	动员模型构建	动员行动调控功能	动员评估功能	动员进展实时查看	动员进展情况上报	动员需求对接	动员预案匹配	国防动员支撑功能	方案分解与细化	潜力上报审核	潜力态势展现	潜力数据校验	潜力数据管理功能	潜力数据维护	潜力数据采报	综合方案生成	行动态势展现
信息存储				●																							
信息展示					●				●												●						●
信息录入						●																					
信息查询	●	●	●																								
动员任务分解							◉																				
动员任务细化																			●								
动员信息填报查询														●													
动员总结评估	◉												●		●												
动员方案生成																											
动员方案细化														●						●							
动员预案匹配							◉										●				◉						
拟制多套方案																		●									
潜力数据存储																									●		
潜力数据审核	◉																			●							
潜力数据对比分析																	●								●		
潜力数据校验																						◉					
潜力数据采集								●															●	●			
细化方案指挥决策														●													

图 4-23　业务活动与系统功能映射关系示例（见彩图）

综上所述，通过对国防动员业务信息系统相关能力视角、业务视角、系统视角模型的描述，可以梳理得到国防动员业务信息系统的设计方案，主要包括系统的组成以及如何支撑完成能力与业务活动。在具体大型复杂系统的设计过程中，可以对上述模型进行裁剪，也可以扩展上述模型，设计用户需要的体系结构模型。值得注意的是，上述模型并不是简单的绘图工作，其背后包含复杂的体系结构设计数据以及数据之间的关联关系，这些数据是后面支撑分析与评估的基础。

6. 实验报告要求

实验报告包括以下内容：
（1）案例描述；
（2）能力视角设计结果；
（3）业务时交设计结果；
（4）系统视角设计结果。

实验八　体系结构设计模型分析

1. 实验目的

利用前面章节设计的体系结构设计模型，采用静态手段对体系结构设计模型进行检查与分析，主要用于检查系统方案的合理性，达到优化和完善体系结构设计模型的目的。

实验具体目的如下：
（1）理解体系结构设计模型分析的必要性；
（2）掌握体系结构设计模型分析的内容；
（3）理解体系结构设计模型分析的基本方法。

2. 实验内容与要求

2.1 实验内容

在体系结构设计模型描述的基础上，利用体系结构设计工具的检查分析模块，分析完备性检查、平衡度检查、关联一致性检查、父子关系回路检查、追踪关系检查等指标，生成分析结果，对系统体系结构设计方案进行直观评价。

实验的主要内容包括：
（1）完备性检查；
（2）平衡度检查；

（3）关联一致性检查；
（4）父子关系回路检查；
（5）追踪关系检查；
（6）针对检查的问题，修改设计方案。

2.2 实验要求

针对上述实验内容，实验要求如下：
（1）熟悉体系结构设计模型分析的定位与内容；
（2）完成体系结构设计模型的完备性检查，并根据检查结果修改完善体系结构设计模型；
（3）完成体系结构设计模型的平衡度检查，并根据检查结果修改完善体系结构设计模型；
（4）完成体系结构设计模型的关联一致性检查，并根据检查结果修改完善体系结构设计模型；
（5）完成体系结构设计模型的父子关系回路检查，并根据检查结果修改完善体系结构设计模型；
（6）完成体系结构设计模型的追踪关系检查，并根据检查结果修改完善体系结构设计模型；
（7）根据体系结构设计模型分析的结果撰写实验报告；
（8）熟悉体系结构设计工具检查分析模块的使用。

3. 准备知识

3.1 体系结构设计模型分析的目的

体系结构设计模型是通过不同人员、采用多个模型进行设计得到的，在设计过程中难免会存在不同人员的理解不一致、设计内容不一致、模型映射关系有冲突等，在上述模型描述的基础上，需要从语法层面分析体系结构设计的合理性，为体系结构设计模型支撑后续设计提供支持。

具体而言，体系结构设计模型分析是利用基于模型的体系结构设计数据，选择相关的分析方法，验证该体系结构设计模型的完备性与逻辑上的合理性，在具体设计前期保证得到一个较好的方案，以免在后期系统建设时出现前期未发现的问题，影响系统的设计效率，增加系统设计的代价。

3.2 体系结构设计模型分析的内容

1）完备性检查

完备性检查用于检查体系结构设计模型要求的设计内容是否全部建立。通过完备性检查，发现体系结构设计模型中对模型、实体对象以及实体属性缺失的内容，帮助设计人员进一步完善体系结构设计模型。

完备性检查的基础是设计前必须明确该体系结构设计模型必须包含的模型和数据，以此作为判断依据，检查模型和数据的缺失。完备性检查对于复杂信息系统设计，特别是多人协同设计过程非常重要。如果检查发现存在不完备的情况，则设计人员必须根据检查结果补充和完善相关内容。

完备性检查包括模型完备性检查、实体对象完备性检查、关系对象完备性检查、实体对象属性完备性以及关系对象属性完备性。模型完备性是指设计方案中包含规范或设计要求规定的全部设计模型。实体对象完备性是指设计方案中包含规范或设计要求规定的全部设计实体对象。关系对象完备性是指设计方案中包含规范或设计要求规定的全部设计关系数据。实体对象属性完备性是指设计方案中规范或设计要求规定的实体对象属性不能为空。关系对象属性完备性是指设计方案中规范或设计要求规定的关系对象属性不能为空。

2）平衡度检查

平衡度检查仅用于对基于 IDEF0 建模语言的模型进行检查。在 IDEF0 模型的层次分解中，下层模型的 ICOM 的箭头要与上层活动保持一致。如图 4-24 所示，对活动 A1 进行分解，建立下层活动模型（图 4-24 的右边图）。上层活动 A1 相关的 ICOM 箭头必须与下层模型的 ICOM 箭头保持一致。

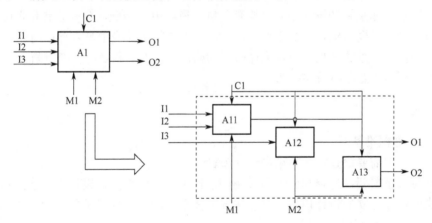

图 4-24　IDEF0 模型分解中 ICOM 一致性关系

平衡度检查主要检查模型中各活动的 ICOM 四类线在其子页面中的实现情况，以及子页面对应的外部 ICOM 线在父活动中实现的实现情况。如果父活动的 ICOM 箭头与其子页面的外部箭头不一致，则该模型不平衡。

3）关联一致性检查

关联一致性检查用于检查存在层次关系的两类数据之间的映射关系是否一致。例如，检查存在父子关系的数据类 A 与另一个存在父子关系的数据类 B 之间的映射关系的一致性，如果存在 A 与 B 类数据关系中，关系存在结构关系，则关联逻辑上不一致。

4）父子关系回路检查

父子关系回路检查功能用于检查包含父子层次关系模型的数据。按照父子关系模型的逻辑关系，不允许父子关系线形成回路。例如，在系统功能分解模型中，系统功能分解关系是父子关系，如果功能1是功能2的父级，同时功能2又是功能1的父级，那么功能2和功能2就形成了父子回路。

5）追踪关系检查

追踪关系检查主要针对系统方案设计中存在多级映射关系的数据，例如对于能力与系统的关系，可以通过能力-活动、活动-功能、功能-系统三级映射关系得到。检查存在映射关系的系统方案设计数据的追踪关系，旨在分析多级链路中是否存在缺失链路，例如是否存在能力没有对应的系统支撑，并将缺失链路显示在工具界面上，为用户优化设计系统方案提供支撑。

4. 实验过程

该实验过程大致分为如下几个阶段：

（1）打开某体系结构设计项目，显示体系结构设计数据。

（2）点击体系结构设计工具"检查分析"模块中的功能，分别查看是否可以通过检查；也可以根据检查分析方法，自行检查当前的设计模型是否存在问题。

（3）根据检查的结果，完善设计体系结构模型，然后再进行检查分析。

（4）撰写检查分析总结报告。

5. 案例

5.1 数据准备

（1）选定需要检查的体系结构设计项目。

根据分析需要，选择相应的体系结构设计项目。体系结构设计项目选择本课程前面实验已经建立的设计模型。假设选择的体系结构设计项目是国防动员业务信息系统，如图4-25所示。

（2）点击检查分析模块。

根据选择的项目，进一步点击菜单栏的检查分析模块，打开检查分析功能，如图4-25所示。

5.2 完备性检查

打开体系结构设计工具的检查分析模块，进行完备性检查，形成完备性检查结论。完备性检查主要包括五种类型：模型完备性检查、实体对象完备性检查、关系对象完备性检查、实体对象属性为空检查以及关系对象属性为空检查。

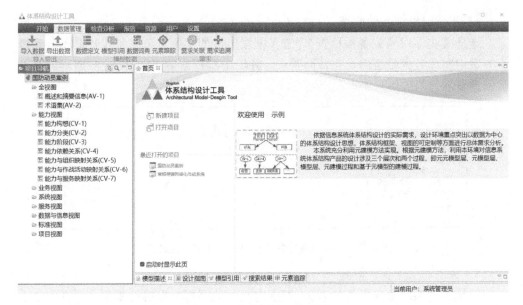

图 4-25　选择项目（见彩图）

1）打开完备性检查界面

单击检查分析模块的【完备性检查】按钮，弹出如图 4-26 所示的对话框。

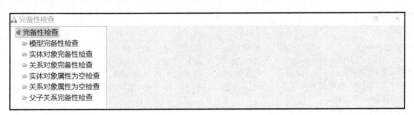

图 4-26　【完备性检查】对话框（见彩图）

2）模型完备性检查

选择【模型完备性检查】，工具根据定义的模型完备性要求，自动检查方案中模型是否满足完备性要求，并输出检查结果，如图 4-27 所示。结果显示需要创建的模型均已经创建。

图 4-27　【模型完备性检查】输出结果（见彩图）

3）实体对象完备性检查

选择【实体对象完备性检查】，工具根据定义的实体对象完备性要求，自动检查方案中实体数据是否满足完备性要求，并输出检查结果，如图 4-28 所示。结果显示需要创建的实体对象均已经创建。

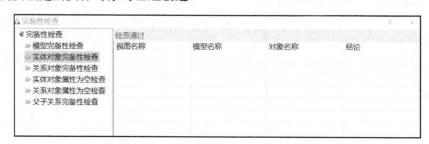

图 4-28　实体对象完备性检查输出结果（见彩图）

4）关系对象完备性检查

选择【关系对象完备性检查】，根据定义的关系对象完备性要求，检查方案中关系对象数据是否满足完备性要求，并输出检查结果，如图 4-29 所示。由图 4-29 可知，资源流描述模型中业务节点与外部节点的关系线没有创建，因此需要进一步创建业务节点与外部节点的关系，才能通过该检查。

图 4-29　关系对象完备性检查输出结果（见彩图）

5）实体对象属性为空检查

选择【实体对象属性为空检查】，根据定义的实体对象属性完备性要求，检查方案中各实体对应的属性是否为空，并输出检查结果，如图 4-30 所示。由图 4-30 可知，某些服务的属性"完成的功能"为空，某些能力的属性"指标"为空，需要在体系结构模型中进一步设计相关的属性，才能通过此检查。

6）关系对象属性为空检查

选择【关系对象属性为空检查】，根据定义的关系对象属性完备性要求，检查方案中各关系对应的属性是否为空，并输出检查结果，如图 4-31 所示。由图 4-31 可知，所有关系对象的属性均已经创建。

图 4-30 实体对象属性为空输出结果（见彩图）

图 4-31 关系对象属性完备性输出结果（见彩图）

5.3 平衡度检查

如果设计方案中包含基于 IDEF0 建模语言的模型，则需要进行平衡度检查。如果没有基于 IDEF0 建模语言的模型，则不需要进行平衡度检查。

点击系统全局菜单栏【检查分析】的【数据检查】中的【平衡度检查】，系统自动对基于 IDEF0 语言的模型分别进行平衡度检查，并输出检查结果。如果检查通过，则输出结果如图 4-32 所示。

图 4-32 平衡度检查通过输出结果（见彩图）

5.4 关联一致性检查

点击系统全局菜单栏【检查分析】的【关联一致性检查】，可进入到关联一致性检查窗口，图 4-33 显示存在映射关系的模型的关联一致性情况。以作战活动和系统功能为例进行说明，主要包括不同层次的活动关联同一个系统功能、同一个活动关联不同层次的系统功能、不同层次的活动交叉关联不同层次的系统功能三种情况。第一种情况的结果如图 4-33 所示，显示"动员方案细化"和"细化方案指挥决策"两个活动均对应了"动员进展实时查看"这个系统功能，显然这种情况是不合理的；第二种情况的结果如图 4-34 所示，显示该种情况不存在；第三种情况的结果如图 4-35 所示，存在不同层次的活动和功能交叉支撑的情况。设计人员需要根据检查的结果进一步优化设计结果，通过关联一致性检查。

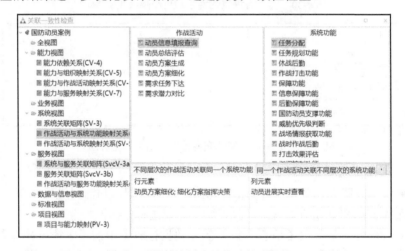

图 4-33 关联一致性检查第一种情况检查结果（见彩图）

图 4-34 关联一致性检查第二种情况检查结果（见彩图）

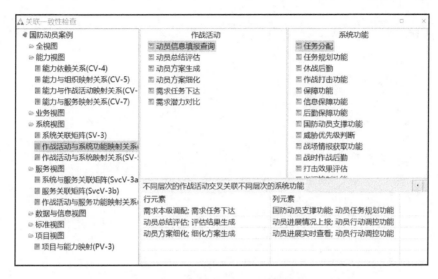

图 4-35　关联一致性检查第三种情况检查结果（见彩图）

5.5　父子关系回路检查

单击【检查分析】下的【父子关系回路检查】，如图 4-36 所示，针对设计方案中存在父子关系的模型数据进行父子关系回路检查，并输出检查结果。由图可知，不存在父子关系回路，顺利通过此项检查。

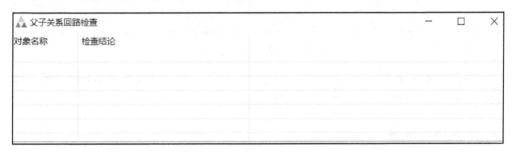

图 4-36　父子关系回路检查结果

5.6　追踪关系检查

单击【检查分析】下的【追踪关系检查】，可以选择想要检查的追踪关系。追踪关系可以包括一条链路或者多条链路，追踪关系检查的目的是检查是否存在缺失链路。例如，作战活动与系统功能的追踪关系检查结果如图 4-37 所示，通过网络图的形式进行展现，同时采用表格的形式表示链路的完整程度。经检查，所有的链路为完整链路，不存在缺失链路。因此，从链路完整性检查的角度来看，设计结果是合理的。

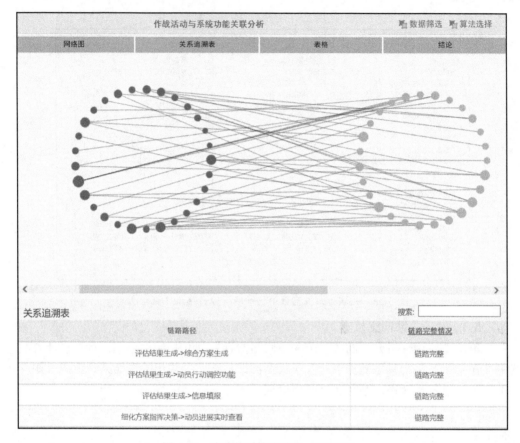

图 4-37 追踪关系检查结果（见彩图）

根据上述 5 个方面的检查结果，分析当前体系结构设计模型的不合理之处，对设计方案进行优化设计，直到通过检查为止。

6. 实验报告要求

（1）针对某个信息系统背景案例，利用体系结构设计工具开展检查分析，形成检查分析报告；

（2）每项检查指标必须包含检查未通过和检查通过两种情况，并包括检查未通过的数据位置、调整方案、调整后情况等内容；

（3）实验报告必须包括案例启示。

第五章 系统设计实验

实验九 系统方案设计

1. **实验目的**

   (1) 掌握系统方案设计中的功能设计、结构设计、数据设计方法；

   (2) 熟练使用体系结构设计工具软件进行系统方案设计。

2. **实验内容和要求**

   ### 2.1 实验内容

   以典型信息系统为背景，在熟悉相关背景知识和领域知识的基础上，利用体系结构设计工具完成该系统方案设计。

   实验的主要内容包括：

   (1) 选择典型系统作为设计对象，根据需求建模和分析结果，设计系统功能组成，采用功能流图的形式对功能之间的输入输出关系进行建模，形成系统功能组成描述模型（SV-4），并对系统的行为进行过程描述，形成系统功能方案。

   (2) 根据系统功能方案，使用树形图设计系统组成，形成系统组成模型（SV-1a），并明确各子系统具有的系统功能；使用节点连接图设计系统接口关系，建立系统接口描述模型（SV-1b），形成系统结构设计方案。

   (3) 根据系统功能方案和系统结构设计方案，明确系统之间的数据交换关系，使用逻辑数据模型（DIV-2）建立系统数据结构方案。

   ### 2.2 实验要求

   (1) 掌握系统功能设计方法。

   (2) 掌握系统结构设计方法。

   (3) 掌握系统数据设计方法。

   (4) 熟练掌握使用体系结构设计工具进行系统视角中的系统功能模型（SV-4）、系统组成描述（SV-1a）、系统接口关系描述（SV-1b）、逻辑数据模型（DIV-2）等模型的设计方法。

   (5) 熟练掌握实体关系图建模方法、节点连接图建模方法、树形图建模方法。

   (6) 根据体系结构设计工具导出的体系结构设计报告，补充报告中的相关内容，形成完整的系统方案设计报告。

3. 准备知识

信息系统方案设计是信息系统分析与设计的关键内容，主要包括系统功能设计、系统结构设计、系统数据设计等内容，通过对功能、结构、数据关系的梳理，可以为生成信息系统设计方案提供支撑。

（1）系统功能设计。

功能是输入流与输出流之间的转换。对于信息系统而言，功能是对系统执行具体业务行为的支撑。可以采用功能树的形式对粗粒度的功能进行逐层分解，直到得到不能继续分解的功能集合为止；也可以采用功能流图的形式对功能之间的输入输出关系进行建模，对系统的行为进行过程描述。功能分解与描述可以为系统结构的具体设计提供输入。

（2）系统结构设计。

系统结构是对系统核心要素以及要素组成关系的描述。系统结构与功能之间是相互影响的关系，可以采用功能树的形式对系统进行逐层分解，也可使用节点连接图表示系统之间的数据接口关系。系统具有不同的系统功能，系统结构的不同组成可以呈现出不同的功能，对功能集合的不同切割方式可以生成不同的系统结构。

（3）系统数据结构设计。

系统数据设计是定义系统的逻辑数据组成，采用实体关系图的形式对系统进行逻辑数据结构建模。在实体关系图中，数据逻辑模型包括实体、属性、关系三类。系统与系统之间的数据交换关系可以体现为系统逻辑数据模型中的实体间的关系或不同实体之间的属性关联关系。

3.1 系统功能设计方法

功能是一定设计环境下用以实现设计意图的输入与输出之间关系的抽象描述，功能表示的目的在于为功能的描述和处理提供语义和语法支持，以准确完整地反映设计意图及相应的转换关系。

功能设计是系统设计的重要阶段。在功能设计过程中，设计者需要将由用户需求确定的总功能分解为若干子功能，然后将子功能与物质流、能量流、信息流组成待设计系统的功能结构。

功能结构不仅描述了物质流、能量流、信息流在系统中的流动，而且描述了实现系统总功能的各子功能之间的关系。功能结构可由功能树组成，在功能树中，描述了功能的分解关系。在体系结构设计工具中，主要采用系统功能描述（SV-4a）设计系统的功能树结构，采用系统功能流图模型（SV-4b）设计系统的功能流图。

系统功能设计的主要来源包括以下几个方面：

（1）来源于作战活动。依据作战活动模型中的作战活动组成，考虑应该开发哪些系统功能来支持作战活动的实现。

（2）来源于需求分析的结果。依据需求规格说明中对系统功能需求的描述，设置相关的系统功能。

（3）来源于领域知识。依据领域信息系统的通常具备的系统功能，结合信息系统的应用背景，设置相关的系统功能。

（4）来源于现有的系统功能。考虑已有哪些系统可以支持作战活动，进而配置相应的系统功能。

3.2 系统结构设计方法

系统结构主要包含系统的组成要素以及组成要素之间的关联关系，是实现系统功能的主要载体。根据上述描述，系统结构与系统功能的先后关系需要根据系统的实际情况确定。系统结构设计过程中，主要考虑如何通过系统功能生成系统结构。

根据前述对系统功能以及系统结构的描述，要得到完整的系统结构，需要明确哪些系统功能可以映射为系统要素以及系统要素之间的关联关系。可根据系统功能之间传递的不同类型的信息流，对系统功能进行分类。为了实现功能到结构的分配，首先需要对功能以及分配过程进行形式化描述，形成功能分配方案，进而分析功能分配方案的优劣。

简单起见，假设功能集合 $S_f=\{f_i\,|\,i=1,2,\cdots,m\}$，其中 f_i 代表第 i 个功能，假设系统一共包含 m 个系统功能。假设功能之间的数据交互关系记为矩阵，即

$$\boldsymbol{D}_F=\{d_{ij}\,|\,i=1,2,\cdots,m;j=1,2,\cdots,m\}$$

式中：$d_{ij}=1$ 或 0 表示功能 f_i 是否发送数据到功能 f_j。假设功能分配形成的子系统集合为 $S_s=\{s_j\,|\,j=1,2,\cdots,n\}$，其中 s_j 表示第 j 个子系统，一共有 n 个子系统。那么功能分配矩阵可以表示为

$$\boldsymbol{X}_{fs}=\{x_{ij}\,|\,i=1,2,\cdots,m;j=1,2,\cdots,n\}$$

$$x_{ij}=\begin{cases}1, f_i\text{分配到子系统} s_j\\ 0, f_i\text{未分配到子系统} s_j\end{cases}$$

如图 5-1 所示的功能流图，表示了功能之间的信息交互关系（这里简单起见，没有显示信息交互的类型）。图 5-1 一共包含 10 个功能，因此功能集合 $S_f=\{f_i\,|\,i=1,2,\cdots,10\}$，那么功能之间的数据交互关系矩阵 $\boldsymbol{D}_F$ 可表示为

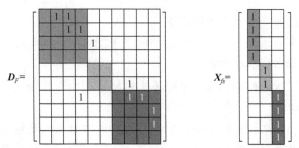

图 5-1 所示的功能分配方案可以具体化为图 5-2 表示的系统与系统之间的关联关系。对于图 5-1 而言，系统集合 $S_s = \{s_j \mid j = 1, 2, \cdots, 3\}$，功能分配矩阵 X_{fs} 可以表示为

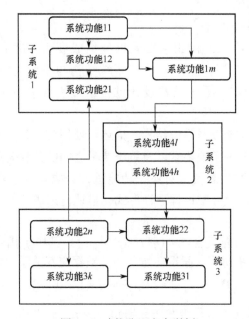

图 5-1 功能分配方案举例

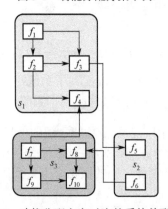

图 5-2 功能分配方案对应的系统关联关系

对于功能分配得到的系统结构方案,可以把子系统之间的关联关系记为矩阵,即

$$R_S = \{r_{ij} \mid i, j = 1, 2, \cdots, n\}$$

$$r_{ij} = \begin{cases} 1, 存在从 s_i 到 s_j 的数据关系 \\ 0, 不存在 s_i 到 s_j 的数据关系 \end{cases}$$

因此,对于图 5-1 所示的例子来说,R_S 应表示为

$$R_S = \begin{bmatrix} 0 & 1 & 0 \\ 0 & 0 & 1 \\ 1 & 0 & 0 \end{bmatrix}$$

其中存在 S1 到 S2 的数据关系,S2 到 S3 的数据关系,以及 S3 到 S1 的数据关系。值得注意的是,R_S 表示系统之间是否存在数据交换关系,而不展示有多少条数据交换关系,因此 R_S 中只应存在 1 或者 0 元素。

一般来说,可以根据功能之间的数据交互关系 D_F 和功能到系统的分配关系 X_{fs},得到子系统之间的关联关系 R_S。首先定义 R_{SS} 为系统内部和系统之间的关联关系数目,R_{SS} 可以通过 X_{fs} 的逆、D_F 以及 X_{fs} 的连乘得到,公式表示为

$$R_{SS} = X'_{fs} D_F X_{fs}$$

物理意义表示如图 5-3 所示,描述为从 m 个系统到 n 个系统的所有可能关联关系数目。

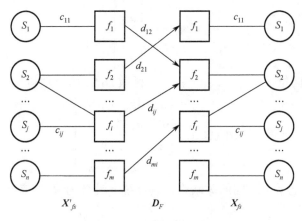

图 5-3 R_{SS} 的物理意义

对于图 5-1 所示的例子而言,R_{SS} 的计算过程如图 5-4 所示,其中:S1 到 S1 的路径数目为 4;S1 到 S2 的路径数目为 1;S2 到 S3 的路径数目为 1;S3 到 S1 的路径数目为 1;S3 到 S3 的路径数目为 3。

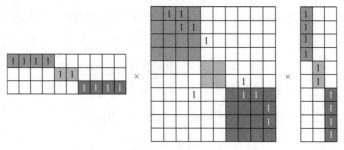

图 5-4 R_{SS} 计算过程示意

因此有

$$R_{SS} = \begin{bmatrix} 4 & 1 & 0 \\ 0 & 0 & 1 \\ 1 & 0 & 4 \end{bmatrix}$$

对于上述得到的 R_{SS}，仍需对其进行进一步的处理，使之转换为 R_S。首先，需要删除系统自身的关联路径数目，只表示系统之间的关联关系数目，对于上面的例子而言，即删除对角线上的数字；其次，对于系统之间的关联路径数目，不论路径数目是多少，均转换为 1，表示系统之间存在数据交换关系即可。

针对上述需求，设 n 阶方阵 $A = (a_{ij})$，定义函数 diag( )，取对角线元素成向量，即

$$\text{diag}(A) = \begin{bmatrix} a_{11} \\ a_{22} \\ \vdots \\ a_{nn} \end{bmatrix}$$

对任意 n 维向量 $a = (a_1, a_2, \cdots, a_n)'$，定义函数 DIAG( )，使得

$$\text{DIAG}(a) = \begin{bmatrix} a_1 & 0 & \cdots & 0 \\ 0 & a_2 & \cdots & 0 \\ \vdots & \vdots & \ddots & \vdots \\ 0 & 0 & \cdots & a_n \end{bmatrix}$$

同时，为了把系统之间的关联路径数目统一设置为 1 或者 0，定义 sgn(x) 函数为

$$\text{sgn}(x) = \begin{cases} 1, & x > 0 \\ 0, & x = 0 \\ -1, & x < 0 \end{cases}$$

那么对任意矩阵 $A = (a_{ij})_{m \times n}$，定义

$$sgn(A) = \begin{bmatrix} \text{sgn}(a_{11}) & \text{sgn}(a_{12}) & \cdots & \text{sgn}(a_{1n}) \\ \text{sgn}(a_{21}) & \text{sgn}(a_{21}) & \cdots & \text{sgn}(a_{2n}) \\ \vdots & \vdots & \ddots & \vdots \\ \text{sgn}(a_{m1}) & \text{sgn}(a_{m2}) & \cdots & \text{sgn}(a_{mn}) \end{bmatrix}$$

根据上述对 *diag*( )、*DIAG*( ) 以及 sgn() 等函数的定义，可以删除 R_{SS} 对角线上的数字，并且把 R_{SS} 系统之间的关联路径数目统一设置为 1 或者 0，进而达到 R_{SS} 转换为 R_S 的目的，公式可表示为

$$R_S = \text{sgn}(R_{SS} - \text{DIAG}(\text{diag}(R_{SS})))$$

这样即可以对于任何一种功能分配方案，按照功能之间的交互数据、功能向系统的分配，得到系统的结构。

在实际功能的分配的时候，需要考虑两个功能分配约束条件。一个约束条件是在实际情况下，任何一项功能只能由一个系统实现，如果存在一个功能由多个系统实现的情况，则认为是不合理的。另一个约束条件是指一个系统至少实现一项以上功能，如果存在一个系统不实现任何功能，则认为系统的设计是不合理的。

根据以上对功能分配方案的描述，可以得到系统结构的表示。在实际情况中，可以通过对功能之间信息流的类型对功能进行系统结构分配，也可以通过人员经验对功能逻辑结构直接进行分配。功能分配方案的优劣直接影响到系统的设计效能。

在以上设计完成后，使用体系结构设计工具中系统视角的系统组成描述（SV-1a）中的表示系统的组成关系，使用系统接口描述（SV-1b）表示系统之间的信息流关系。

3.3 系统数据结构的设计方法

系统数据结构的设计主要是逻辑层的数据结构设计，形成的是逻辑数据模型。逻辑数据模型是信息系统开发过程中的物理层数据实现的基础，系统数据结构设计可使用一般按照以下步骤进行：

（1）梳理不同系统功能之间传递的信息交互关系，确定需要传递的数据实体、实体间关系、业务规则等。

（2）确定实体的属性，比如侦察机任务系统的实体的属性包括名称、ID 号、位置信息、可用性等，并定义实体的关键属性；

（3）确定实体之间的关系，如指挥关系、协同关系等，并在逻辑数据模型中体现实体之间的关系。

4. 实验过程

系统方案设计的实验过程如下：

（1）确定系统功能的组成和分解结构，形成系统功能描述（SV-4a）和系统功能流图（SV-4b）；

（2）通过对功能之间信息流的类型对功能进行系统结构分配，用体系结构设计工具中系统组成描述（SV-1a）中的表示系统的组成关系，使用系统接口描述（SV-1b）表示系统之间的信息流关系确定系统结构，形成系统组成（SV-1a）和系统接口描述（SV-1b）；

（3）确定系统数据结构，包括实体组成、实体属性、实体关系等，形成逻辑数据模型（DIV-2）。

5. 案例

5.1 案例假设

在国防动员业务信息系统中，主要的作战活动过程为：首先，由各级国防动员委员会下达国防动员的任务；然后，各级机构生成动员方案，进行国防动员的需求潜力对比，并细化动员方案，进行动员信息的填报；最后，进行国防动员的总结评估，并将评估结果反馈给国防动员委员会，进行下一轮动员方案的修改。作战活动模型描述如图5-5所示。

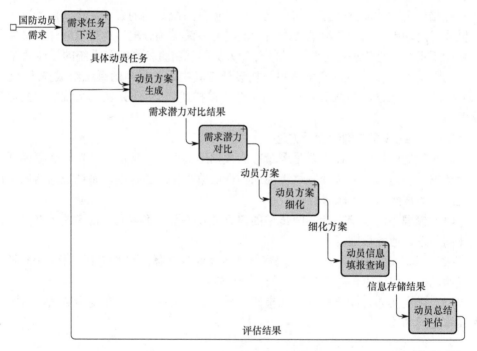

图5-5 作战活动模型描述（OV-5a）

5.2 系统方案设计

1）系统功能描述（SV-4a）和系统功能流图（SV-4b）

根据作战活动组成，按照系统功能的设计方法，使用体系结构设计工具设计系统功能组成，如图 5-6 所示。针对其中的每个系统功能，设置其属性，属性包括对系统功能描述和系统功能的具体性能要求，如图 5-7 所示。

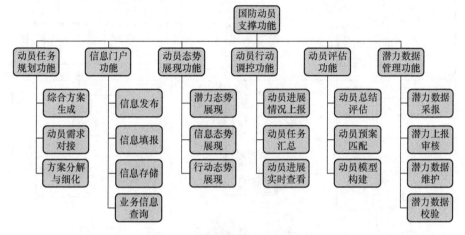

图 5-6　系统功能描述（SV-4a）

图 5-7　系统功能的属性编辑（见彩图）

根据系统功能之间的数据交换关系，设计系统功能流图，形成系统功能流图方案，如图 5-8 所示。

根据系统功能流图，可以得到该方案的 D_F 矩阵和 X_{fs} 矩阵，即

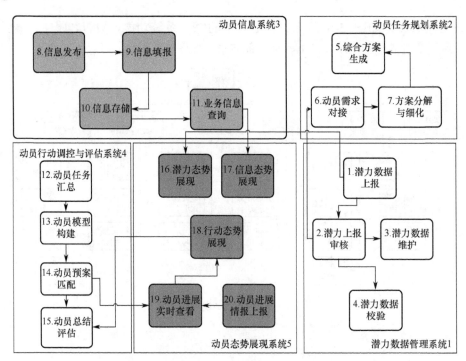

图 5-8 国防动员系统功能流图方案（见彩图）

$$D_F = \begin{bmatrix}
0 & 1 & 0 & 0 & 0 & 0 & 0 & 0 & 0 & 0 & 0 & 0 & 0 & 0 & 0 & 0 & 0 & 0 & 0 & 0 \\
0 & 0 & 1 & 1 & 0 & 1 & 0 & 0 & 0 & 0 & 0 & 0 & 0 & 0 & 0 & 0 & 0 & 0 & 0 & 0 \\
0 & 0 & 0 & 0 & 0 & 0 & 0 & 0 & 0 & 0 & 0 & 0 & 0 & 0 & 0 & 0 & 0 & 0 & 0 & 0 \\
0 & 0 & 0 & 0 & 0 & 0 & 0 & 0 & 0 & 0 & 0 & 0 & 0 & 0 & 0 & 0 & 0 & 0 & 0 & 0 \\
0 & 0 & 0 & 0 & 0 & 0 & 0 & 0 & 0 & 0 & 0 & 0 & 0 & 0 & 0 & 0 & 0 & 0 & 0 & 0 \\
0 & 0 & 0 & 0 & 0 & 1 & 0 & 0 & 0 & 0 & 0 & 0 & 0 & 0 & 0 & 0 & 0 & 0 & 0 & 0 \\
0 & 0 & 0 & 0 & 1 & 0 & 0 & 0 & 0 & 0 & 0 & 0 & 0 & 0 & 0 & 0 & 0 & 0 & 0 & 0 \\
0 & 0 & 0 & 0 & 0 & 0 & 1 & 0 & 0 & 0 & 0 & 0 & 0 & 0 & 0 & 0 & 0 & 0 & 0 & 0 \\
0 & 0 & 0 & 0 & 0 & 0 & 0 & 0 & 1 & 0 & 0 & 0 & 0 & 0 & 0 & 0 & 0 & 0 & 0 & 0 \\
0 & 0 & 0 & 0 & 0 & 0 & 0 & 1 & 0 & 0 & 0 & 0 & 0 & 0 & 0 & 0 & 0 & 0 & 0 & 0 \\
0 & 0 & 0 & 0 & 0 & 0 & 0 & 0 & 0 & 0 & 0 & 0 & 0 & 0 & 0 & 1 & 0 & 0 & 0 & 0 \\
0 & 0 & 0 & 0 & 0 & 0 & 1 & 0 & 0 & 0 & 0 & 0 & 0 & 0 & 0 & 0 & 0 & 0 & 0 & 0 \\
0 & 0 & 0 & 0 & 0 & 0 & 0 & 0 & 0 & 0 & 1 & 0 & 0 & 0 & 0 & 0 & 0 & 0 & 0 & 0 \\
0 & 0 & 0 & 0 & 0 & 0 & 0 & 0 & 0 & 0 & 0 & 1 & 0 & 0 & 0 & 0 & 1 & 0 & 0 & 0 \\
0 & 0 & 0 & 0 & 0 & 0 & 0 & 0 & 0 & 0 & 0 & 0 & 0 & 0 & 0 & 0 & 0 & 0 & 0 & 0 \\
0 & 0 & 0 & 0 & 0 & 0 & 0 & 0 & 0 & 0 & 0 & 0 & 0 & 0 & 0 & 0 & 0 & 0 & 0 & 0 \\
0 & 0 & 0 & 0 & 0 & 0 & 0 & 0 & 0 & 0 & 0 & 0 & 1 & 0 & 0 & 0 & 0 & 0 & 0 & 0 \\
0 & 0 & 0 & 0 & 0 & 0 & 0 & 0 & 0 & 0 & 0 & 0 & 0 & 0 & 0 & 0 & 0 & 1 & 0 & 0 \\
0 & 0 & 0 & 0 & 0 & 0 & 0 & 0 & 0 & 0 & 0 & 0 & 0 & 0 & 0 & 0 & 0 & 0 & 0 & 0 \\
0 & 0 & 0 & 0 & 0 & 0 & 0 & 0 & 0 & 0 & 0 & 0 & 0 & 0 & 0 & 0 & 0 & 1 & 0 & 0 \\
\end{bmatrix}$$

$$X_{fs}=\begin{bmatrix} 1&0&0&0&0\\ 1&0&0&0&0\\ 1&0&0&0&0\\ 1&0&0&0&0\\ 0&1&0&0&0\\ 0&1&0&0&0\\ 0&1&0&0&0\\ 0&0&1&0&0\\ 0&0&1&0&0\\ 0&0&1&0&0\\ 0&0&1&0&0\\ 0&0&0&1&0\\ 0&0&0&1&0\\ 0&0&0&1&0\\ 0&0&0&1&0\\ 0&0&0&0&1\\ 0&0&0&0&1\\ 0&0&0&0&1\\ 0&0&0&0&1\\ 0&0&0&0&1 \end{bmatrix}$$

2）系统组成描述（SV-1a）和系统接口描述（SV-1b）

根据需求分析结果和系统功能描述，设计案例系统组成，如图 5-9 所示。其中，每个系统需设计其属性，包括系统的指标要求、系统所具有的系统功能（从 SV-4 设计的系统功能集合中选择）、系统的在役状态等。

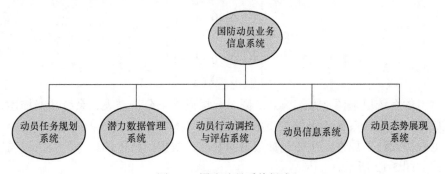

图 5-9 国防动员系统组成

在系统组成描述中，根据系统功能组成，为系统配置合适的系统功能，根据系统的属性配置，可以得到系统功能到系统的关系矩阵 X_{fs}。本案例中系统与系统功能的配置关系的设置方式如图 5-10 所示。

图 5-10　系统的属性配置（见彩图）

3）系统接口描述（SV-1b）

根据公式 $R_S = \mathrm{sgn}(R_{SS} - \mathrm{DIAG}(\mathrm{diag}(R_{SS})))$，可以得到系统与系统的关系矩阵 R_S，即

$$R_S = \begin{bmatrix} 0 & 1 & 0 & 0 & 1 \\ 0 & 0 & 0 & 0 & 0 \\ 0 & 0 & 0 & 0 & 1 \\ 0 & 0 & 0 & 0 & 1 \\ 0 & 0 & 0 & 1 & 0 \end{bmatrix}$$

这里的系统更强调是系统节点。同时，根据需求分析结果、系统功能描述、系统组成描述，设计案例的系统接口的物理含义和设计，如图 5-11 所示。其中，每个数据线需设计其属性，主要包括数据的名称、数据的具体描述等，数据线属性编辑方式如图 5-12 所示。

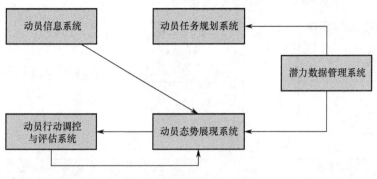

图 5-11 系统的接口描述

图 5-12 数据线属性编辑方式

4）逻辑数据模型设计（DIV-2）

根据系统功能、系统组成和系统接口设计结果，进一步确定国防动员业务信息系统的数据结构，包括实体组成、实体属性、实体关系等，形成逻辑数据模型（DIV-2），如图 5-13 所示。

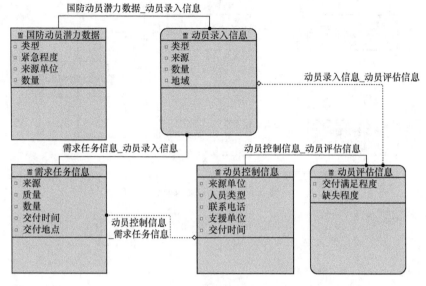

图 5-13　逻辑数据模型设计

6. 实验报告要求

实验报告至少包括以下内容：
（1）概述。
（2）系统功能设计。采用系统功能模型设计系统的功能树结构（SV-4a）和功能流图结构（SV-4b）。
（3）系统结构设计。分析系统结构设计的过程，用体系结构设计工具中系统视角的系统组成描述（SV-1a）中的表示系统的组成关系，使用系统接口描述（SV-1b）表示系统之间的信息流关系。
（4）系统数据结构设计。使用逻辑数据模型（DIV-2）展示系统数据结构设计结果。
（5）设计总结。总结内容包括对系统方案设计方法和理解和认识、设计过程中遇到的问题及解决方法等。

实验十　系统方案辅助分析

1. 实验目的

基于上述系统方案设计结果，利用系统组成和系统功能相关数据，选择多个系统方案分析指标，开展系统方案的分析，比较系统方案的优劣，为系统方案优化设计提供输入。

实验具体目的如下：
(1) 理解系统方案辅助分析的必要性和意义；
(2) 掌握系统方案辅助分析的主要内容；
(3) 理解系统方案辅助分析的基本方法。

2. 实验内容和要求

2.1 实验内容

在系统方案设计的基础上，利用体系结构设计工具的辅助分析模块，计算复杂度、耦合度、内聚度、结构紧密性、韧性、重要度等指标，基于每种系统方案的指标计算结果，采用词典学法、Pugh 矩阵法、Pareto 前沿法等比较系统方案，分析系统方案的优劣。

实验的主要内容包括：
(1) 建立或者打开多个系统设计方案；
(2) 复杂度计算；
(3) 耦合度计算；
(4) 内聚度计算；
(5) 结构紧密性计算；
(6) 信息传输效率计算；
(7) 信息连通性计算；
(8) 基于词典学法的权衡分析；
(9) 基于 Pugh 矩阵法的权衡分析；
(10) 基于 Pareto 前沿法的权衡分析。

2.2 实验要求

针对上述实验内容，实验要求如下：
(1) 理解系统方案辅助分析在信息系统分析设计过程中的定位；
(2) 能够运用工具进行系统方案的辅助分析；
(3) 能够掌握系统方案辅助分析的基本指标；
(4) 能够掌握系统方案权衡分析的基本方法；
(5) 根据分析结果，能够撰写系统方案辅助分析报告。

3. 准备知识

3.1 系统方案辅助分析的目的

根据系统方案设计实验，对于大型复杂信息系统的设计包括了业务流程设计、组织结构设计、系统功能设计、系统模块设计、数据库设计等多个方面的内容，设计师在设计的时候可能依据自己的主观认识，也可能依据以前的项目数据。不同的设计师在进行系统方案设计时可能会形成不同的设计方案。

如图 5-14 所示，假如一个信息系统需要图中的 10 个系统功能来实现，那么理想情况下会有多种系统模块的分割方法，导致产生不同的系统设计方案，图中显示了一种系统功能的分割方案。在具体设计过程中，从系统结构维度考虑，可能会存在多种系统结构的设计方案，需要对比分析不同系统结构方案的优劣，为系统的建设提供支撑。因此，系统方案辅助分析的目的就在于如何通过对比分析多个系统方案，生成较优的设计方案。

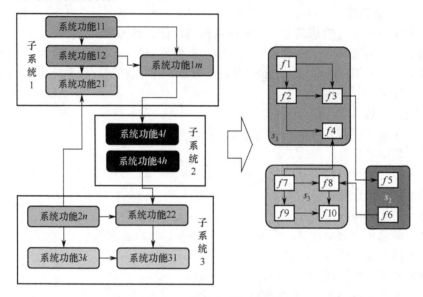

图 5-14　系统方案生成思路

开展系统方案的辅助分析，需要注意三个方面的内容：一是系统方案的辅助分析多针对大型复杂信息系统，也就是包含多个离散模块的信息系统，如指挥信息系统、业务信息系统等，对于小型的系统软件等的设计，设计方案比较固定，方案优化的必要性不大；二是系统方案的辅助分析不仅包括结构方面的分析，也包括流程、编制体制、信息流等方面的分析，简单起见，本书主要从系统结构形成的方案角度进行分析；三是需要明确实验开展所需的系统设计数据，系统方案的辅助分析需要利用系统设计实验中建立的系统功能描述、系统组成描述等数据。

3.2　系统方案辅助分析指标

根据系统方案设计数据中的功能流图和系统组成，构建或者打开多个系统方案，进一步采用复杂度、耦合度、内聚度、结构紧密性、信息传输效率、信息连通性等指标计算每一个方案。

1）复杂度

从逻辑角度看，信息系统的复杂性是由系统方案包括的环的数量决定的。相同节点数量形成的环路的数量越多,结构越复杂,完成系统功能的可能性也就越强。信息系统逻辑网络结构表示为 0-1 邻接矩阵,该矩阵是一个稀疏非负矩阵,按照佩龙-弗罗贝尼乌斯(Perron-Frobenius)定理可知,矩阵至少存在一个实的、非负的最大特征值。最大特征值与邻接矩阵对应结构中环的数量成正向关系。可以以逻辑结构对应邻接矩阵最大特征值来描述逻辑结构的复杂性。信息系统结构图对应的邻接矩阵的最大特征根为 $\lambda_{\max}$,有

$$\text{compl}(s) = \frac{\lambda_{\max}}{N}$$

式中:N 为子系统数。

2)耦合度

耦合度是系统结构中各子系统间相互联系紧密程度的一种度量。子系统之间联系越紧密,其耦合性就越强,子系统的独立性则越差。对信息系统,子系统间联系的紧密程度取决于子系统间数据交互的量。对于每一个子系统而言,定义它的耦合度为该子系统与相连子系统之间传递的数据量,即

$$\text{coupling}(s_j) = \frac{1}{2}\sum_{i=1}^{n}(u_{ij} + u_{ji})$$

式中:u_{ij} 为 s_i 与 s_j 间数据传输通信信道占用率。整体系统结构的耦合度为

$$\text{coupling}(S_s) = \sum_{j=1}^{n}\text{coupling}(s_j)$$

3)内聚度

内聚度是子系统功能强度的度量,即一个子系统内各项功能彼此关联的紧密程度的度量。若一个子系统内各功能联系的越紧密,则它的内聚性就越高。内聚和耦合是密切相关的,模块内的高内聚往往意味着模块间的松耦合。可以通过系统包含的功能之间传递的数据量以及功能有向图的紧密程度计算内聚度。认为子系统 s_i 的所分配功能间单位时间内的数据交换量记为 $\text{d}e_i$,定义子系统 s_i 的内聚度计算如下:

$$\text{coh}(s_i) = \frac{\text{d}e_i}{\text{d}e_i + \text{LBN}(s_i)}$$

式中:$\text{LBN}(s_i)$ 为子系统 s_i 对应功能有向图的缺失边数的一半。系统内聚度 $\text{coh}(S_s)$ 为

$$\text{coh}(S_s) = \frac{1}{n}\sum_{i=1}^{n}\text{coh}(s_i)$$

4)结构紧密性

结构紧密性是依据系统结构网络中各节点之间的距离而测量的,它可表明一个节点与其他节点间的密切关系。节点 i 的结构紧密性是该点与其他节点之间的最短

距离之和的倒数，可表示为

$$C_c(i) = \frac{1}{\sum_{j=1}^{N} d_{ij}}$$

系统结构的紧密性，是对系统结构中各节点结构紧密性的平均值，其度量公式为

$$Cl = \frac{1}{N} \sum_i C_c(i)$$

5）信息传输效率

信息系统的信息传输效率通过计算节点之间的传输效率得到。这里考虑的节点之间的信息传输效率，不考虑节点之间实际的连通距离，只考虑节点之间互相连通需要的跳数，即节点之间连通需要的边数。

定义指挥信息系统对应的信息传输效率系数为

$$TE = \frac{2\sum_{i<j} e_{ij}}{N(N-1)}$$

$$e_{ij} = \frac{1}{d_{ij}} (i \neq j)$$

传输效率越高，说明系统组成单元之间的信息平均传输延迟越小，信息共享的平均实时性越好。

6）信息连通性

信息系统的信息连通性是系统连通程度的一个测度。信息连通性越强，节点之间在实现信息共享时直接互连互通的比例越高，这一方面缩短了传输延迟，另一方面也提高了网络抗毁性。

定义网络连通系数为

$$Co = \frac{m}{APL}$$

式中：$m = \frac{M}{N(N-1)/2}$ 为网络密度；$APL = \frac{1}{N(N-1)} \sum_{i,j} d_{ij}$ 为平均路径长度。信息连通系数越大，指挥信息系统形成的网络结构连通性能越好。

3.3 系统方案权衡分析方法

根据上述得到的指标计算结果，可以生成 $m*n$ 的矩阵（其中 m 为系统方案个数，n 为系统辅助分析指标数目），进一步可采用权衡分析方法对比多个方案，并且选择较好的系统方案。

1）词典学法

该方法要求首先对各项属性指标排序，用户输入各项指标的权重，然后对某指

标下各项方案的得分进行归一化处理，得到各项指标在各个方案下的得分，最后选择在最重要属性中得分最高的方案作为最优的方案。如果存在平分的情况，则继续判断第二重要属性得分高者优先。

2）普氏（Pugh）矩阵法

根据一个基准方案，使用+，0，−对其他备选方案打分，然后统计每个方案得到的+，0，−的个数，把+的个数减去−的个数作为衡量方案优劣的依据。

3）帕累托（Pareto）前沿法

对于多目标决策问题的任意两个解向量 $\boldsymbol{J}^1$ 和 $\boldsymbol{J}^2$，也就是两个系统设计方案而言，$\boldsymbol{J}^1$ 弱支配 $\boldsymbol{J}^2$，当且仅当

$$\boldsymbol{J}^1 \geqslant \boldsymbol{J}^2, \boldsymbol{J}^1 \neq \boldsymbol{J}^2$$

即对 $\forall i, J_i^1 \geqslant J_i^2$ 且存在 i 使得 $J_i^1 > J_i^2$。

$\boldsymbol{J}^1$ 强支配 $\boldsymbol{J}^2$，当且仅当

$$\boldsymbol{J}^1 > \boldsymbol{J}^2$$

即对 $\forall i, J_i^1 > J_i^2$。

若 $\boldsymbol{J}^2$ 没有被其他任意解所支配，则 $\boldsymbol{J}^2$ 称为非支配解（不受支配解），也称 Pareto 解。多目标决策问题的所有非支配解集合即为 Pareto 前沿。Pareto 前沿中的所有解皆不受 Pareto 前沿之外的解（以及 Pareto 前沿中其他解）所支配，因此这些非支配解较其他解而言拥有最少的目标冲突，可提供决策者一个较佳的选择空间。

值得注意的是，上面提出了多种辅助分析的指标和权衡分析的方法，在实际实践过程中，可以根据用户的具体需求，从中选择其中的一种或者多种指标和方法进行分析。

4. 实验过程

该实验的过程可主要分为如下几个步骤：
（1）根据体系结构设计数据，设计多个系统设计方案，作为方案分析的输入；
（2）选择若干系统方案计算指标，计算各个方案的指标值；
（3）选择系统方案的权衡分析方法，权衡得到较好的方案；
（4）保存该系统设计方案，更新系统设计数据，撰写系统方案辅助分析报告。

5. 案例

5.1 数据准备

打开体系结构设计工具，选择某一个信息系统的设计项目，例如国防动员业务信息系统项目，构建多个系统设计方案。例如，对于当前国防动员业务信息系统的系统功能集合而言，存在不同的分割方式，可以生成三种系统结构设计方案，分别如图 5-15 至图 5-17 所示。

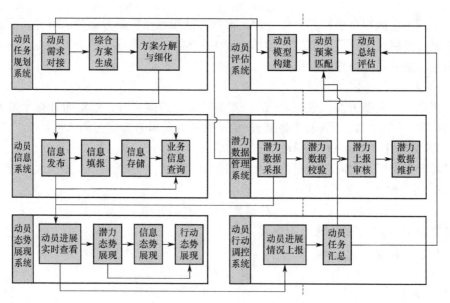

图 5-15 系统设计方案 1

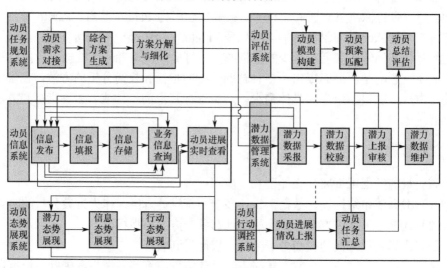

图 5-16 系统设计方案 2

接下来需要通过指标的计算和方案的权衡分析，比较上述 3 个方案，得到较好的方案。

5.2 系统方案指标计算

根据上述三个系统设计方案，选择系统方案指标进行计算。本案例采用复杂度、信息传输效率、信息连通性、结构紧密性 4 个指标进行计算，分别计算得到各个方案的指标值，如图 5-17 所示。

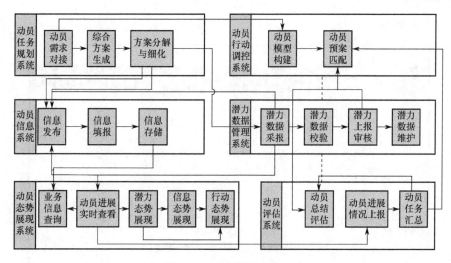

图 5-17 系统设计方案 3

5.3 系统方案权衡分析

根据上述介绍的系统方案权衡分析方法，判断方案的优劣，输出判断结果。

1）词典学法

词典学法主要通过指标的重要程度进行判断，选择最重要的指标中结果的最好的方案为最优方案。对于上述介绍的 3 个方案，假设认为复杂度指标为最重要的指标，且认为复杂度越小越好，可分析得到系统方案 3 最好，方案 1 次之，方案 2 最差，如图 5-18 所示。

方案名称	复杂度指标	信息传输效率指标	信息连通性指标	结构紧密性指标
系统功能流图(SV-4b)1	0.0167	0.61	0.78	0.3
系统功能流图(SV-4b)2	0.0174	0.57	0.89	0.26
系统功能流图(SV-4b)3	0.0143	0.62	0.92	0.46

图 5-18 系统方案指标计算示例（见彩图）

2）普氏（Pugh）矩阵法

Pugh 矩阵法主要通过选择一个基准方案，然后分别和其他方案比较判断。首先需要选择一个基准方案，例如选择系统设计方案 1 为基准方案，然后和其他两个方案进行比较，较好的指标为+号，较差的指标为-号，通过统计分析+号与-号的次数和绝对值，判断方案的优劣。如图 5-19 所示，系统方案 3 最好，方案 1 次之，方案 2 最差。

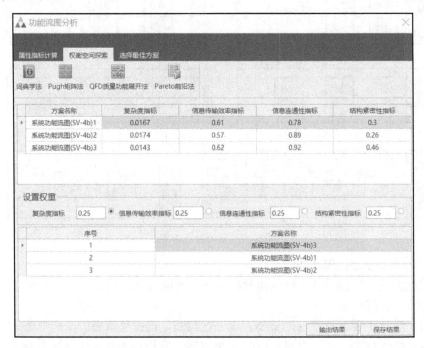

图 5-19　词典学法示例（见彩图）

图 5-20　Pugh 矩阵法示例（见彩图）

3）帕累托（Pareto）前沿法

Pareto 前沿法主要通过将方案的指标值看作是一个权衡矩阵，分析方案之间的支配程度进行判断。如图 5-21 所示，方案 3 可以支配方案 1 和方案 2，方案 1 和方案 2 却不能支配任何矩阵。因此，根据 Pereto 前沿法得到最优的方案为方案 3。

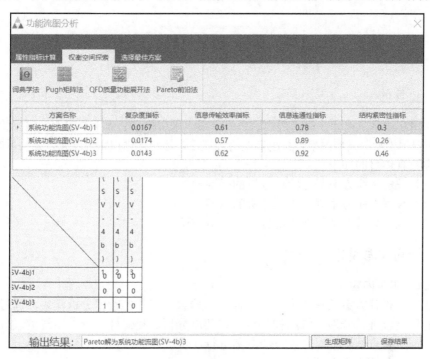

图 5-21　Pareto 前沿法示例（见彩图）

综上所述，可以通过一种或者多种权衡分析方法明确较好的系统设计方案，输出并保存数据。

6. 实验报告要求

实验报告主要包括以下内容：
（1）系统方案的描述；
（2）系统方案指标的计算结果；
（3）系统权衡分析结果；
（4）结论。

第六章 方案验证与评估实验

实验十一 系统方案静态验证

1. 实验目的

利用前述章节设计并优选得到的系统方案，采用静态验证手段对方案进行验证分析，主要用于从语义层面检查系统方案的合理性，达到优化和完善设计方案的目的。

实验具体目的如下：
（1）理解系统方案静态验证分析的必要性；
（2）掌握系统方案静态验证分析的内容；
（3）理解系统方案静态验证分析的基本方法。

2. 实验内容与要求

2.1 实验内容

在系统设计方案的基础上，利用体系结构设计工具的数据分析模块，通过设计方案的语义验证，开展系统结构分析、重要度分析、相似性分析、系统关联分析等检查，形成检查结果，对系统设计方案进行评价。

实验的主要内容包括：
（1）系统结构分析；
（2）重要度分析；
（3）相似性分析；
（4）系统关联分析；
（5）针对检查的问题，修改设计方案。

2.2 实验要求

针对上述实验内容，实验要求如下：
（1）熟悉系统设计方案的静态验证分析的定位与内容；
（2）完成系统设计方案的系统结构分析，并根据检查结果修改完善系统设计方案；
（3）完成系统设计方案的重要度分析，并根据检查结果修改完善系统设计方案；
（4）完成系统设计方案的相似性分析，并根据检查结果修改完善系统设计方案；
（5）完成系统设计方案的系统关联分析，并根据检查结果修改完善系统设计方案；
（6）根据静态验证的结果，撰写实验报告；
（7）熟悉体系结构设计工具数据分析模块的使用。

3. 准备知识

3.1 静态验证分析目的

一般而言，对于大型复杂信息系统，由于设计人员复杂、设计数据较多，应该从语法、语义、语用三个层面检查验证方案设计的合理性与可行性。前面章节已经从语法层面检查了体系结构设计的不合理之处，本部分主要从系统设计方案的层次出发，分析语义层面系统设计是否合理，为系统方案的具体设计提供支持。

具体而言，系统方案的静态验证分析是利用基于模型的系统方案设计数据，选择相关的静态验证分析方法，验证该系统方案逻辑上的合理性，在具体设计前期保证得到一个可以执行的方案，以免在后期系统建设时出现前期未发现的问题，影响系统的设计效率，增加系统设计的代价。

3.2 静态验证分析内容

1）系统结构分析

系统结构分析主要依据子系统之间的接口关系，计算当前系统结构中负载较大的系统、或者是否存在孤立的系统，为系统结构的优化设计提供支撑。

系统结构分析方法可参考图论以及复杂网络分析方法，例如出度入度的计算、节点介数的计算、聚集系数的计算、链路介数的计算，根据计算结果优化设计系统方案。这些指标的具体计算方法这里不再赘述，可以通过查阅相关文献得到。

2）重要度分析

系统重要度分析就是计算每个系统的重要度。系统重要度根据不同的方法可以选择不同的设计数据以及不同的计算模型。

系统重要度计算可参考系统关联关系。系统关联关系体现不同系统之间相互关联、相互影响的关系。一般来说，一个系统对其他系统影响越大，这个系统在系统集中越重要。因此，可以根据系统之间的关联关系来计算计算系统的重要度。

以系统关联关系来计算系统重要度，首先要建立系统关联关系模型。根据建立的系统关联关系中的系统集，通过分析系统的地位和作用计算系统重要度。

系统重要度是一个相对概念，在不同的系统集中，某个系统的重要度可以不同。因此，根据用户定制的需求，建立或选择关注的系统集，并构建相应的系统关联关系模型。在此基础上，计算系统的重要度并排序。

基于系统关联关系模型计算重要度的基本方法是利用图模型计算节点的度来分析系统的重要度。

设系统关联关系模型对应的图模型为
$$G = (N, E)$$
式中：N 为节点集；E 为边的集合。

基于系统关联关系模型的系统重要度计算方法如图 6-1 所示。

（1）构建图模型。将构建的系统关联关系模型转换为图模型，系统转化为节点，系统关联关系转换为有向边。

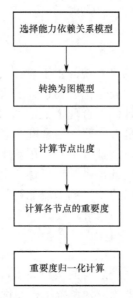

图6-1 基于系统关联关系模型的系统重要度计算方法

（2）计算出入度。以转换得到的图模型为基础，计算各节点的度。系统的重要度等于对应节点的出度值。节点的出度越大，说明该节点对应系统对其他系统的作用越大，说明该系统越重要。如果系统关联关系可反映系统之间不同的影响作用，这时图的边为有向有权边，可利用边的权值计算重要度。

（3）计算重要度。设系统 c_j 对应节点 n_j，n_j 的流出边集为 $\{e_i\}, i=1,2,\cdots,N$。如果不考虑系统关联关系的不同，即边为无权的，系统 c_j 的重要度 k_j 为

$$k_j = N$$

如果考虑系统关联关系的不同，即边为有权的。设每条边的权重为 v_i，v_i 可以根据边对应的系统关联关系的强弱来计算，如强关联，权重对应 2，弱关联权重对应 1 等。考虑到边的权重，系统 c_j 的重要度 k_j 为

$$k_j = \sum_{i}^{N} v_i$$

（4）重要度归一化。如果需要，可以步骤（3）中得到重要度的基础上进行归一化处理。

归一化方法 1：
设系统关联关系模型中包括系统的个数为 M，那么系统 c_j 的重要度为

$$k0_j = \frac{k_j}{M}$$

归一化方法 2：
以最大系统重要度为 1，进行归一化。

设 $K = \text{Max}\{k_j\}$，则 c_j 的重要度归一化为

$$k0_j = \frac{k_j}{K}$$

3）相似性分析

系统的相似性分析主要是为了判断当前命名的系统集合中是否存在名称相近的系统，如果存在，则需要对系统进行重新命名。相似性分析的必要性在于对于大型复杂信息系统而言，其系统的设计方案可能是复杂的，为了保证系统设计方案能够支撑后续的设计，那么需要在系统设计方案的选择上应该足够仔细。

系统相似性分析方法可以采用文本相似性的分析方法进行，文本可以包含系统的名称、系统属性、系统的指标等内容。文本相似性分析的方法当前已经比较成熟了，这里介绍两种方法。

一是有监督方法，即通过朴素贝叶斯（Bayes）分类器之类的有监督模型来判断文本相似性或者计算相似度。这类方法要求有一定数量的标注语料，构建的代价比较高；由于训练语料通常无法做的很大，模型的泛化性不够，实际用起来会有点麻烦，计算环节的复杂度会比较高。

二是无监督方法，就是采用欧氏距离（Euclidean Distance）等方法，直接计算文本之间的距离或者相似度。这类方法的特点是不需要标注语料，特征工程或者参数估计可以使用很大的数据，很多方法对于语言的依赖性比较小，可以应对多语种混杂的场景，计算环节的复杂度较低。工具采用的是无监督方法计算系统之间的相似度。

4）系统关联分析

系统关联分析主要用于展示与系统相关的对象，显示与系统有直接关系的所有实体，进而直观分析是否存在孤立的节点或者缺失的链路。系统集直接关联关系展示方式如图 6-2 所示。

根据综合展现结果，可以进一步开展追踪链分析。对于系统数据来说，在元模型中分别存在以下关系：系统与系统功能、系统与业务活动、系统与性能参数、系统与服务、系统与节点等。将上述关联关系建立完成之后，可建立整体的追踪链路。

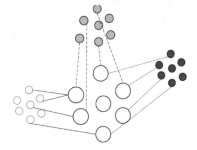

图 6-2　系统集的直接关联关系展示方式

根据链路展示结果，可以分析如下内容：

（1）检查是否存在孤立的节点；
（2）检查是否存在缺失的链路；
（3）检查系统的整体重要程度；
（4）检查一致性、环路等情况是否存在。

4. 实验过程

该实验过程大致分为如下几个阶段：

（1）打开体系结构设计项目，显示体系结构设计数据；
（2）点击体系结构设计工具"数据分析"模块中的若干功能，分别查看是否可以通过检查；也可以根据检查分析方法，自行检查当前的设计模型是否存在问题；
（3）根据检查的结果，完善设计系统设计方案，然后再进行检查分析；
（4）撰写检查分析总结报告。

5. 案例

5.1 数据准备

以国防动员业务信息系统为例，在开展完体系结构设计、方案设计、检查分析工作之后，开展静态验证评估工作。所需的数据应包含前面各个视角所开发的模型。

点击检查分析页面的"数据分析"按钮，进入数据分析界面。

5.2 系统结构分析

点击"系统结构分析"按钮，根据系统之间的关联关系，展开系统结构的直观展示以及网络特性的计算，如出入度、介数、聚集系数等，为系统结构设计的优劣提供指导。国防动员业务信息系统的系统结构分析示例如图 6-3 所示。

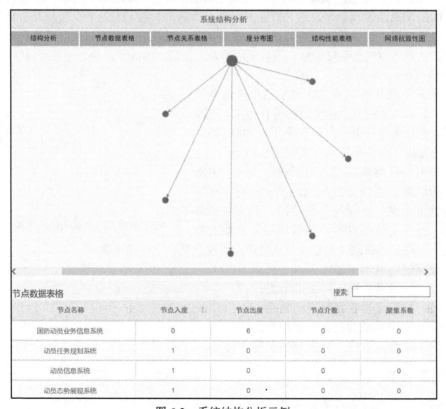

图 6-3　系统结构分析示例

5.3 重要度分析

点击"重要度分析"按钮，根据系统关联关系可以计算系统的重要程度，认为当系统支撑的系统越多，该系统越重要。系统重要度分析及可以采用表格展示重要度的结果，也可以采用图形的形式进行展示。国防动员业务信息系统的重要度分析如图6-4所示。

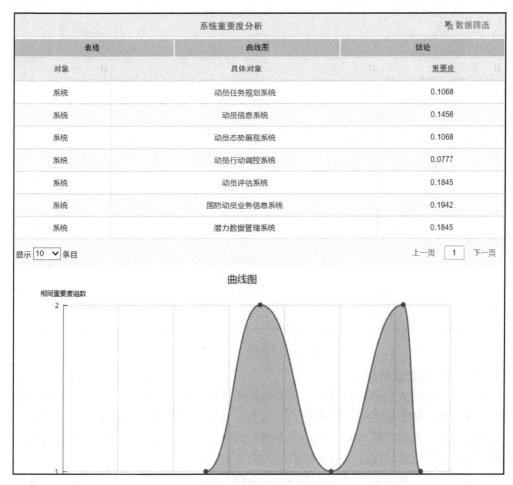

图6-4 重要度分析示例

5.4 相似性分析

点击"相似性分析"按钮，根据系统名称采用文本相似度方法进行计算，认为系统之间的相似性越高，系统命名方式就越不合理。系统相似度分析即可以两两对比分析系统之间的相似程度，也可以统计分析相似度较高的系统数目。国防动员业务信息系统的相似性分析示例如图6-5所示。

系统相似性分析		数据筛选　算法选择　区间设置	
相似度值	相似度区间统计结果	柱状图	结论

相似度值　　　　　　　　　　　　　　　　　　　　搜索：

系统A	系统B	系统A与B的相似度
潜力数据管理系统	动员任务规划系统	0.2857
动员信息系统	动员态势展现系统	0.2857
国防动员业务信息系统	动员评估系统	0.25
动员信息系统	动员任务规划系统	0.25
国防动员业务信息系统	动员态势展现系统	0.25
国防动员业务信息系统	潜力数据管理系统	0.2222
国防动员业务信息系统	动员信息系统	0.2222
国防动员业务信息系统	动员任务规划系统	0.2222
动员评估系统	动员态势展现系统	0
动员评估系统	动员信息系统	0

显示 10 条目　　　　　　　　　　　　　　　　上一页　1　2　3　下一页

相似度区间统计结果　　　　　　　　　　　　　　搜索：

相似度区间	统计结果	占比率
[0.0, 0.25)	28	84.8485%
[0.25, 0.5)	5	15.1515%
[0.5, 0.75)	0	0%

图 6-5　相似性分析示例

5.5　系统关联分析

点击"系统关联分析"按钮，根据体系结构设计数据和系统设计数据，展示系统与其他数据的关联关系，例如能力、活动、技术、指标等，采用全局网络图的形式进行展示。网络图可以转变不同的展现方式，也可以选择显示或者不显示文本。国防动员业务信息系统的关联分析示例如图 6-6 所示。

综上所述，根据四个方面的静态验证分析，优化设计系统方案，为后续系统方案的具体设计提供支撑。

6. 实验报告要求

（1）针对某个信息系统背景案例，利用体系结构设计工具进行静态验证分析，形成静态验证分析报告；

（2）实验报告必须包括案例启示。

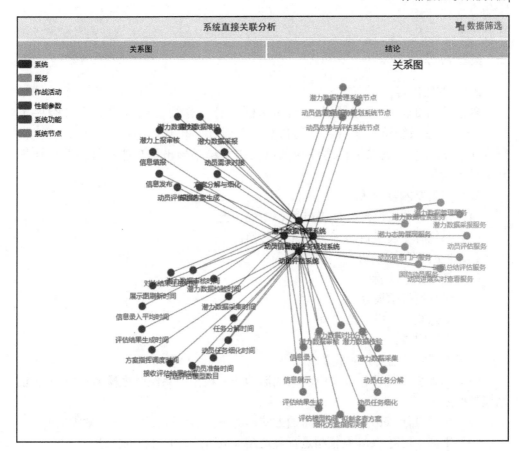

图 6-6 系统关联分析示例（见彩图）

实验十二 系统方案动态验证

1. 实验目的

根据系统方案的设计结果，对系统设计方案的动态执行效果进行分析验证，及时发现系统执行流程中的矛盾、冲突和不合理之处，为改进完善系统设计方案提供支持。

实验具体目的如下：

（1）掌握设计方案动态验证中的仿真模型转换生成、仿真模型编辑与执行以及仿真结果可达性验证的方法；

（2）熟练使用信息系验证分析工具进行系统设计方案动态验证；

（3）对选用的信息系统应用案例，进行系统设计方案动态验证，生成动态验证分析报告。

2. 实验内容和要求

2.1 实验内容

以所设计的信息系统设计方案为基础，针对作战活动流程或系统时序模型，采用信息系统验证分析工具的仿真方案设计、仿真模型转换生成、仿真模型编辑与执行、仿真结果可达性验证以及仿真结果导出等功能进行系统设计方案的动态验证。

实验的主要内容包括：
（1）作战活动流程模型到 Petri 网模型的转换；
（2）系统时序模型到 Petri 网模型的转换；
（3）Petri 网模型编辑；
（4）模型可达性验证；
（5）仿真运行结果分析；
（6）动态验证分析文档撰写。

2.2 实验要求

针对上述实验内容，实验要求如下：
（1）掌握将系统设计方案中的作战活动流程模型或系统时序模型转换为 Petri 网模型的方法；
（2）掌握进行 Petri 网模型编辑的方法，能根据需要进行脚本语言的编写；
（3）掌握运用对 Petri 网模型进行可达图（或可达树）分析的方法；
（4）熟练掌握运用信息系统验证分析工具进行仿真方案设计、仿真模型转换生成、仿真模型编辑执行以及仿真结果可达性验证的操作；
（5）完成信息系统设计方案动态验证分析报告。

3. 准备知识

3.1 系统设计方案动态验证分析的内容

系统设计方案动态验证分析的对象是系统设计方案中的各类与业务流程相关的设计模型，验证分析的内容主要是业务流程模型的正确性、合理性和可行性，即分析业务流程模型在执行的过程中是否存在相互矛盾、冲突和不合理的地方，重点是对业务流程行为逻辑的正确性进行验证分析。基于验证的目的，可以将动态验证分析分为两个方面：一是验证用户对系统行为的期望是否合理，即业务活动/业务流程、系统功能流程是否合理？二是验证所设计的系统能否按用户所期望的运行，即业务状态描述、系统状态描述等的运行过程是否符合业务流程和功能流程的设计？如果业务流程设计存在缺陷或不足，无法通过动态验证分析，则表明用户对系统的期望是不合理的，或系统的流程设计是无效的。

例如对于军事信息系统中的作战流程设计来说，可以从以下三个方面进行动态验证：

（1）作战流程逻辑合理性验证。检查用户对信息系统在特定场景下的运行行为的期望（即作战流程设计）是否能够顺利、合理执行？这里的验证对象是单独的作战流程时序描述或集成的作战流程时序描述。验证的准则包括：①流程运行顺利，即流程运行时不存在非正常中止、死循环等现象；②流程是合理的，即流程描述中不存在不能执行的业务活动，流程执行完后，没有生成额外的多余资源，或没有过量消耗资源。

（2）作战流程时序可行性验证。主要检查作战流程设计，在添加事件/活动的执行延时信息后，流程能否顺利、合理执行？验证对象为添加了时间信息的作战流程时序描述或集成的作战流程时序描述。

（3）作战流程符合性验证。以作战流程时序设计（即用户期望）为依据，检查作战视图设计是否支持所有场景下的作战流程时序。验证对象包括作战节点状态描述、作战活动描述、信息交换描述等。验证准则是所设计的作战体系在用户指定的任务背景（场景）下，流程能否按用户预先期望的方式运行。

3.2 系统设计方案动态验证分析的方法

以下针对系统设计方案动态验证分析中的流程逻辑合理性验证、流程时序可行性验证和流程符合性验证三方面的内容，分别对其验证分析方法进行论述。

3.2.1 流程逻辑合理性验证方法

对于流程逻辑合理性验证，可以采用可执行模型法来进行验证。对于业务流程设计来说，一般采用时序图模型描述系统的动态行为，但由于时序图自身不具备执行或推理能力，这就需要根据具体的验证分析目的，将静态的时序图模型转换为表示系统动态行为的可执行模型（如 Petri 网模型），这样才能将流程模型顺利、合理运行的判断问题转化为可执行模型的执行合理性的验证问题（如对于（Petri）网模型来说，就转化为模型的有界、活性、可达性等特性的验证问题）。验证思路示意如图 6-7 所示。

把时序图模型转为 Petri 网模型后，需要验证的具体内容包括：

（1）对特定场景，相应的特定状态可以最终运行达到；

（2）对每个转移，存在特定场景使得该转移在运行中被执行。

常用的分析验证思路分为两种。一种是利用 Petri 模型自身的特性，如可达性、活性、有界性和安全性、可回溯性等，来判断作战流程的逻辑合理性，可用的方法包括可达图分析方法以及矩阵方程分析方法等；另一种是将转换后的 Petri 模型视为工作流网，并利用工作流网的相关性质来分析作战流程的逻辑合理性。下面重点对基于 Petri 模型特性的作战流程逻辑合理性验证法进行说明。

时序图模型

静态，描述了动态行为，但是自身不具备执行或推理能力

模型能够顺利、合理运行的判断问题

可执行模型

动态，可通过仿真运行或逻辑推理获得动态特性，即模型运行的状态空间

可执行模型状态空间是否符合相应准则的检查问题

图 6-7　业务流程逻辑合理性验证思路示意

Petri 网模型可以分析模型的可达性、活性、有界性和安全性、可回溯性等性质。常用的 Petri 网特性分析方法是可达树法和矩阵方程法。

下面以可达图分析方法为例来进行说明（在分析过程中所涉及到的一些 Petri 网模型基本理论知识，在本书中由于篇幅的原因，就不进行详细解释，读者可以查阅相关书籍）。

可达图通常基于可达树来构造，可达树是形象描述从 Petri 网初始 M0 出发所能达到的所有标识 M 的集合，它将 Petri 网的可达树标识集的各个标识作为节点，从 M0（根节点）到各个节点的点火序列为可达树的枝画成的图。下面先说明可达树如何构建。

可达树的构造方法如下：定义初始标识为根节点。以根节点作为叶节点，用下述可达树算法处理，只要存在叶节点就必须用可达树算法处理。

设 x 为叶节点，则

（1）如果在 x 状态处没有任何转移可以点火，那么 x 节点解释死节点。

（2）如果在可达树中可以找到节点 y，使得节点 y 不是叶节点，并且满足 $M_x=M_y$，那么可以判断 x 为重复节点。

（3）在 M_x 下至少有一个转移有发生权。对所有的在 M_x 授权发生的所有转移 t，在可达树上添加一个新节点 y，使得 y 节点是 x 的子节点，并且从 x 到 y 的有向弧为 t。

该节点的标识可按照下法确定：首先计 M_x 算出的后继标识 $M(M_x[t_j > M^*])$，对于每个位置 p_i 有

（1）如果 $M_x(pi)=\omega$，则 $M_z(pi)=\omega$；

（2）如果从根节点起至 x 节点的路径上存在一个节点 y，并且满足 $M_y \leqslant M^*$，$M_y(pi) \leqslant M^*(pi)$，则 $M_z(pi)=\omega$；

（3）其他情况 $M_z(pi)=M^*(pi)$。

经过这样的处理 x 节点转变为树内节点，以 z 节点为叶节点，重复上述算法。

可达图是一个带标记的有向图，基于可达树构造可达图的方法如下：

Petri 网的可达树记为 $T(N)$，如果存在从 $T(N)$ 到 G 的满射 h，使得：

(1) X 为 $T(N)$ 的节点，则 $h(x)$ 为 G 的节点，且 $h(x)$ 以在 $T(N)$ 中的标识 M_x 为标识；

(2) (x, y) 为 $T(N)$ 上以转移 t 为标志的有向弧，则 $(h(x), h(y))$ 为 G 上以 t 为标识的有向弧；

(3) $x \neq y$ 为 $T(N)$ 上的不同节点，当且仅当 $M_x = M_y$，并且 x 和 y 同在从 $T(N)$ 根节点出发的同一条路径上时，才有 $h(x) = h(y)$。

此时，G 称为 N 的可达图，记为 $G(N)$。

采用上述方法得出 Petri 网模型的可达图后，便可以对可达性、活性、有界性和安全性等性质进行分析，通常满足可达性和活性要求的 Petri 网模型，其对应的业务流程模型也是逻辑合理的。

3.2.2 业务流程时序可行性验证方法

业务流程时序可行性分析是在逻辑合理性分析的基础上，分析流程中添加时间延时后的合理性问题。主要验证思路与逻辑合理性分析基本一致，采用的方法也类似，区别在于所基于的 Petri 网模型是带时间信息的 Petri 网模型。这类 Petri 网模型的转移在执行时，需要考虑相应的时间信息（关于时间信息的设置，可以通过在 Petri 网模型中编辑脚本语言来实现），即在业务时序模型中各个业务事件（或业务活动）的执行延时，因此相应的转移规则在一般 Petri 网模型的基础上，还要考虑相应的时间约束条件。相较于一般 Petri 网模型，即使在模型的位置、转移以及逻辑关系方面，带时间信息的 Petri 网模型与一般 Petri 网模型可能都一样，但其转移的执行序列以及所生成的可达树或可达图都可能会与一般 Petri 网模型有较大区别，因此需要另外进行单独分析。不过所采取的分析方法与前面所论述的逻辑合理性验证方法类似，只是在生成可达树或可达图的计算算法方面与一般 Petri 网模型有些差别，在得到可达图（或可达树）后就可采用上述验证方法进行作战流程时序的可行性验证分析。

3.2.3 业务流程符合性验证

流程符合性是指不同场景下业务流程执行的效果，也就是说，根据所设计的实体（作战节点、系统或服务等）的状态机，在确定场景后（约束条件和边界），这些实体所产生的行为与时序图的描述一致。

业务流程符合性验证主要解决作战节点状态设计和特定场景下作战流程设计的动态一致性，即确定满足逻辑合理性和时序可行性前提下，业务流程中主要活动的执行顺序是可行的，也就是各业务节点自身的状态转换逻辑及相关的交互组合对应的活动序列能够覆盖业务流程执行时的活动序列。

符合性验证有两种验证思路：一是验证时序图模型的状态空间是状态机组合后的状态空间的一个子空间。如果把状态机模型和时序图模型都转换成 Petri 网，那么时序图 Petri 网的状态空间（即可达图）是状态机 Petri 网可达图的子图。二是采用事件序列进行符合性检查，即时序图模型执行时所有可能的事件序列集合，是状态机组合后隐含的所有可能事件序列集合的子集。

在本实验中重点对业务流程的逻辑合理性进行验证分析，即采用 Petri 网模型可达图的方法来对系统设计方案中作战活动流程模型来进行验证分析，对于业务流程时序可达性验证和业务流程符合性验证可以参照该过程采用类似的方法进行分析。

4. 实验过程

该实验的过程可主要分为如下几个步骤：

（1）根据体系结构设计数据，将作战活动流程或系统时序模型，转换为可执行的仿真模型（Petri 网模型）；

（2）依据动态验证的具体需求，对转换生成的仿真模型（Petri 网模型）进行编辑；

（3）对编辑生成的仿真模型（Petri 网模型）进行仿真执行，并对仿真执行结构进行可达性分析；

（4）根据可达性分析结果对系统的动态验证结果进行分析，并撰写系统动态验证分析实验报告。

5. 案例分析

以系统方案设计实验中所设计的国防动员业务信息系统为基础，以其业务活动模型的动态验证分析为例，具体说明系统设计方案的动态验证分析的方法和过程。

5.1 创建实验方案

在实验方案管理界面中，创建一个新的实验方案，如图 3-35 中的"任务评估能力_时效性"实验方案，同时确保该实验方案对应的体系结构数据是系统方案设计实验中设计的国防动员系统方案数据，即图 6-8 中所选的"国防动员案例 2.0.xml"数据。

图 6-8 创建实验方案

5.2 创建仿真方案

在仿真方案管理界面中，创建一个新的仿真方案，如图 6-9 中的"任务评估能力时效性仿真"仿真方案，同时确保该仿真方案所关联的实验方案为"任务评估能力_时效性"实验方案，即前面所创建的实验方案。

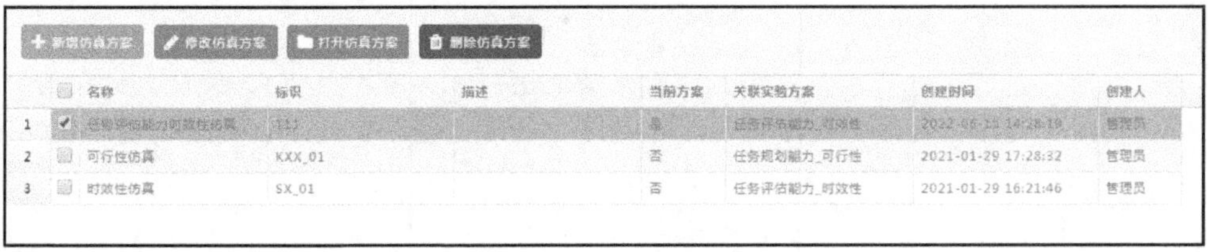

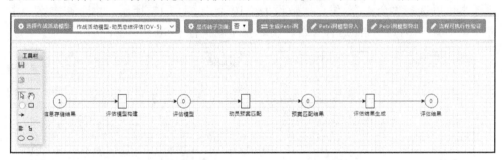

图 6-9　创建仿真方案

5.3 生成仿真模型（Petri 网模型）

将需要进行动态验证分析的业务活动模型转换为仿真模型。这里以国防动员系统中所设计的动员总结评估活动模型为例进行说明。在仿真模型转换设计界面，选择作战活动模型为"作战活动模型-动员总结评估（OV-5）"，点击"生成 Petri 网"按钮，就会得到该业务活动模型转换后的 Petri 网模型，如图 6-10 所示。

图 6-10　动员总结评估模型转换示例

5.4 编辑仿真模型（Petri 网模型）

为了转换后的 Petri 网模型能正常运行，还需对其位置及转移元素进行编辑。此处由于是仅对 Petri 网模型逻辑运行过程进行验证，因此只配置开始位置处的令牌，如图 6-11 所示，在"信息存储结果"位置处，配置了 1 个令牌。

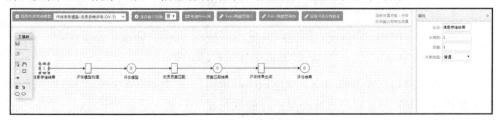

图 6-11　Petri 网模型编辑示例

在配置完 Petri 网模型后，还可以对其可执行性进行验证。点击"流程可执行性验证"按钮，会弹出如图 6-12 所示的界面，这表明该 Petri 网模型是可以执行的，整体的运行逻辑是正确的。

图 6-12　流程可执行性验证结果界面

5.5　动态验证分析

为了验证仿真模型的运行结果是否与活动模型预期设计的目标一致，还需对 Petri 网模型的仿真运行结果进行分析。这里先在仿真模型执行界面中，点击"实验仿真"按钮，在弹出的对话框中进行实验验证和仿真次数的设置。在此案例中，实验样本可以选择"全部"，仿真次数设为"10"，如图 6-13 所示。由于在本案例中有 9 个实验样本，那按照这种设置，仿真模型就执行了 90 次。

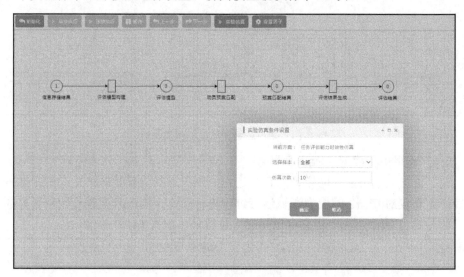

图 6-13　仿真模型执行设置界面

再进入仿真可达性验证界面，如图 6-14 所示，可以发现该 Petri 网模型的各个转移都执行了 90 次，这与仿真模型执行的次数是一致的，这说明该 Petri 网模型的各个转移都是可达的，不存在不可点火的转移，也就是说明该 Petri 网模型不存在死锁、死循环等现象，表明对应的业务活动模型逻辑结构也是合理可行的。

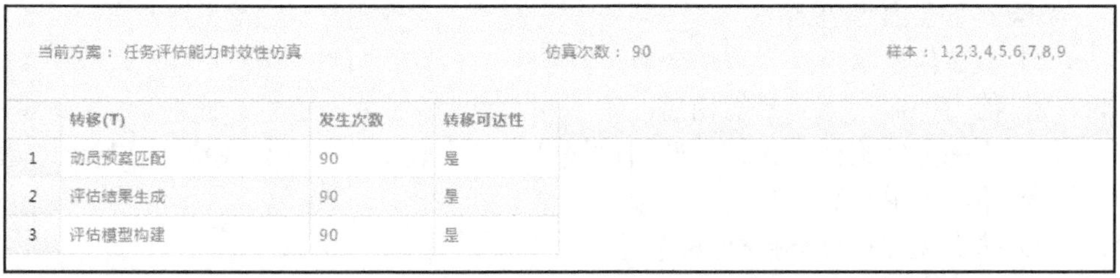

当前方案：任务评估能力时效性仿真		仿真次数：90	样本：1,2,3,4,5,6,7,8,9
	转移(T)	发生次数	转移可达性
1	动员预案匹配	90	是
2	评估结果生成	90	是
3	评估模型构建	90	是

图 6-14 可达性验证结果界面

上述以国防动员系统的中动员总结评估活动模型为例，对其动态验证过程进行了简要分析，对于其余活动模型的动态验证分析也可以参照该过程来开展。

6. 实验报告要求

实验报告主要包括以下内容：实验方案和仿真方案说明、仿真模型描述（包括各个转移的说明以及相应脚本语言的说明）、Petri 网模型的可达性验证分析、动态验证分析结论等。

实验十三　系统方案能力评估

1. 实验目的

根据系统方案的设计结果，通过合理设置实验方案，分析系统设计方案在不同实验样本下的能力效果指标，对系统设计方案的能力实现程度进行综合评估，并据此为系统设计方案的优化调整提供支撑。

实验具体目的如下：

（1）掌握系统设计方案评估中的评估指标体系构建、实验方案设计、仿真模型生成、评估模型配置以及能力评估的方法；

（2）熟练使用信息系统能力评估分析工具对系统设计方案进行能力评估；

（3）对选用的信息系统应用案例，进行系统设计方案能力评估，生成评估分析报告。

2. 实验内容和要求

2.1 实验内容

以典型信息系统为背景，在熟悉相关背景知识和领域知识的基础上，利用信息系统能力评估分析工具，开展系统设计方案能力评估实验，依据评估结论为系统设计方案优化改进提供支撑。

实验的主要内容包括：

（1）安装信息系统能力评估分析工具；

（2）能力评估指标体系的构建；

（3）实验方案构建，包括实验目的设计、仿真因子选择、仿真因子实验水平设置以及实验样本生成等；

（4）仿真模型执行与数据采集；

（5）评估模型配置；

（6）系统设计方案能力评估计算；

（7）系统设计方案能力评估文档生成与编辑。

2.2 实验要求

针对上述实验内容，实验要求如下：

（1）掌握能力评估指标体系的设计方法；

（2）掌握实验方案的设计方法；

（3）掌握系统设计方案的能力评估方法；

（4）熟练掌握运用信息系统能力评估分析工具进行评估指标体系构建、实验方案设计、评估模型配置以及能力评估的操作；

（5）根据信息系统能力评估分析工具软件导出的系统设计方案能力评估报告，编辑完善报告。

3. 准备知识

3.1 系统设计方案评估介绍

系统设计方案评估是从结构、性能、效能等方面对系统设计方案的优劣进行评价。在信息系统设计方案中包含大量复杂的系统设计相关信息，如使命信息、业务信息、系统信息以及标准、规则、约束、条件等，反映了不同人员（如业务人员、管理人员、系统分析与设计人员、技术人员等）对系统的期望和要求。不同类型人员观察系统的角度不一样，要求和结果不尽相同，因此评估的目的和工作也不相同，如：业务人员重点关注建成后的系统是否能满足业务需求，能不能有效实现业务目标；管理人员则关心系统建设时的经费投入、研制时间、研制风险等方面是否符合规划和计划的安排；系统分析和设计人员则从系统组成、结构和功能流程的角度，评判系统的结构是否合理、逻辑是否正确、运行是否可靠、性能是否最优等内容；技术人员则关注系统开放性和标准性是否满足"互联、互通、互操作"的要求，系统采用的技术是否成熟、是否有前瞻性等。因此，系统设计方案评估通常可以分为以下几个层次：

1）技术层

技术层评估主要是针对部件性能需求，主要从系统部件性能的角度评估系统在技术上是否满足系统功能的执行要求。技术层评估指标是与部件紧密联系的，如辅助决策系统的方案制定时间、雷达的探测距离、指挥所内局域网的通信带宽、通信系统的可靠性等。这个层次的评估内容针对系统组成部件的性能，一般在系统评估中完成，技术层评估的结论可支撑上层评估。

2）性能层

性能层评估主要针对系统设计方案的性能要求，评估系统设计方案具备的性能指标，性能指标是否满足需求以及满足需求的程度。性能层评估的指标包括功能性指标和非功能性指标。功能性指标与架构或系统功能相关的指标，如目标处理能力、态势处理能力等。非功能性指标如互操作性、灵活性、复杂性、抗毁性等。

与一般系统评估不同，信息系统设计方案评估除了关注性能指标外，对结构特性的评估也是性能层评估的重要内容。结构特性的评估指标包括：结构复杂性，即系统组成结构要素及其关系的复杂程度；结构抗毁性，即系统在受到攻击后能够继续完成任务的能力；结构适应性，即系统结构适应不同任务变化的能力。此外，系统传输瓶颈、系统处理瓶颈、系统反应时间、系统服务时间、平均等待时间等也是重要的评估分析指标，通过对这些指标的分析，可发现系统运行时结构的瓶颈和薄弱环节，从而为进一步改进完善系统结构设计提出建议和参考。

3）效能层

从效能的角度评估系统是否具有支持使命实现所需要的各种能力，如决策能力、信息保障能力、安保能力等。不同的使命对系统各种能力的要求是不同的。效能评估是针对系统设计方案设计的能力指标，评估对应能力指标能否达到设计的指标，能否达到需求指标，以及满足需求的程度。

基于系统设计方案，效能评估一方面可以明确特定任务背景下的相关任务系统，进而通过仿真等手段获取相应的能力指标和系统效能指标；另一方面，通过建立性能指标和能力指标、效能指标之间的关联关系，可以比较特定任务场景下系统能力差距或效能差距的满足情况，进而分析系统的整体效能。

4）使命层

系统设计方案评估的最高层次是使命层，主要是对系统完成自身使命的情况进行度量，衡量对象是使命和完成任务的能力。一般决策人员和管理人员关注使命层的评估。该层次的评估指标是直接面向使命效能的，如使命成功率、使命完成时间约束等。当直接评估使命完成情况较困难时，可以从使命执行所分解的业务/任务的角度进行评估。通过间接评估业务/任务能否正确、合理实施，业务/任务流程中是否存在冲突、死锁、重复循环等，业务/任务过程中是否存在瓶颈以及紧缺资源等，等效为使命的评估。

系统设计方案评估本质上是评估方案中所设计的系统的各种属性满足各种需求的程度。在实际评估中，可以根据评估的目的和要求，确定评估的具体内容，根据评估的内容选择评估的层次与方法。

在本实验中重点关注的是系统设计方案的效能层评估，即系统设计方案的能力评估。通过理解和掌握系统设计方案能力评估的实验过程，其他层次的评估可以参照该过程进行组织实施。

3.2 系统设计方案能力评估的相关说明

3.2.1 能力评估指标体系

指标是指预期打算达到的指数、规格或标准。体系是指由若干事物或某些意识互相关联而构成的整体。指标体系是指由若干指标互相关联而构成的整体。系统设计方案能力评估指标体系是信息系统能力预期达到的规格、标准及其间的相互关系的整体。

1) 指标体系的生成与确定

选择合适的能力评估指标体系并使其量化，是做好系统设计方案能力评估的关键，也是很难做到的一件事情。在选择系统设计方案能力评估指标体系时，应该把握以下原则：

（1）针对性。评价指标要面向能力，对于系统的不同能力应采用不同的评价指标。

（2）一致性。评价指标与选用目标和分析目的相一致。

（3）方案的可鉴别性。选用的能力评价指标应具有区分不同设计方案的能力。

（4）可测性。所选的指标能够定量表示，定量值能够通过数学计算、平台测试、经验统计等方法得到。

（5）完备性。各指标不能重复出现，且任何一个影响能力值的指标都应出现在指标属性集中，选择的指标应能覆盖分析目标所涉及的范围。

（6）客观性。所选的指标能客观地反映系统内部状态的变化，正确反映信息系统与系统有关不确定性，不应因人而异。

（7）敏感性。当系统的变量改变时，指标应明显地变化。

（8）独立性。选择的指标应尽可能地相互独立。

（9）简明性。选择的指标应是易于用户理解和接受的，这样便于形成共同语言。

在选择评价指标时要注意，评价指标并不是越多越好，关键在于指标在评价中所起作用的大小。如果评价时指标太多，不仅增加了结果的复杂性，甚至会影响评价的客观性。所以应筛选除去对评价目标不产生影响的指标。在确定系统性能指标时，要重点考虑那些反映系统本质特征的指标，而不是囊括作为一般信息系统所应具备的全部指标，同时也不包括系统支撑技术方面的指标；只考虑各类系统的共性指标，但不排除对专用系统提出的特殊指标要求。所确定的指标项目应是面向系统整体性能的，不囊括单项设备和分系统的指标。当然还要考虑指标之间尽量减少交叉，各项指标应相互独立，不应互相包容，指标应便于准确理解和实际度量。

指标的确定需要在动态过程中反复综合平衡，有些指标可能要分解，有些却要综合或删除。随着时间、任务的改变，有的指标应相应的变化。

2）指标的量化和规范化处理

在进行系统设计方案能力评估时，各评价指标间存在着下述问题：

（1）无公度性，即各指标的量纲不同；

（2）变化范围不同；

（3）对抗性，即有的指标取值是越大越好，而有的越小越好等。

因此在进行能力评估时，必须先对指标进行规范化处理，以解决不同指标间的不可公度性及对立性等影响，方便指标的比较和综合运算。

根据评估指标取值是否量化，系统设计方案能力评估指标可以分为定量指标和定性指标。目前文献中见到的定量指标类型有效益型、成本型、固定型、区间型、偏离型和偏离区间型6类：

（1）效益型指标是指指标值越大越好的指标。系统设计方案能力评估指标体系中的大部分指标是效益型指标，如系统指挥控制能力、通信保障能力、系统抗干扰能力、系统发现目标概率等；

（2）成本型指标是指指标值越小越好的指标。系统设计方案能力评估指标体系中的成本型指标主要有系统决策延时、虚警概率、通信误码率、通信延时等；

（3）固定型指标是指指标值接近某个固定值越好的指标。信息系统信息获取能力可以看作一个固定型指标。当信息获取能力太低时，系统不能获得足够的信息和情报，必然影响系统的效能；当信息获取能力太高时，若系统信息处理等方面的能力与之不匹配，则指挥员可能会被大量的信息所包围，不能及时地对情报作出区分，从而影响决策，使系统效能降低；

（4）区间型指标是指指标值越接近某个固定区间（包括落入该区间）越好的指标，如目标密度就是一个区间型指标；

（5）偏离型指标是指指标值越偏离某个固定值越好的指标；

（6）偏离区间型指标是指指标值越偏离某个区间越好的指标；

设 $T = U_{i=1}^{6} T_i$，其中 $T_i (i=1,2,\cdots,6)$ 分别表示效益型、成本型、固定型、区间型、偏离型和偏离区间型指标的下标的集合。记 $M = \{1,2,\cdots,n\}$ 是方案集的下标构成的集合。

（1）效益型指标。目前常用的效益型指标的规范化方法主要有

$$z_{ij} = \frac{y_{ij} - y_j^{\min}}{y_j^{\max} - y_j^{\min}}, \ i \in M, \ j \in T_1$$

$$z_{ij} = y_{ij} / y_j^{\max}, \ i \in M, \ j \in T_1$$

$$z_{ij} = y_{ij} / \sqrt{\sum_{i=1}^{n} y_{ij}^2}, \ i \in M, \ j \in T_1$$

$$z_{ij} = y_{ij}/y_j^{\max}, \quad i \in M, \ j \in T_1$$

$$z_{ij} = (y_{ij} - y_j^{\min})/\max_{s,t \in M}|y_{sj} - y_{tj}|, \quad i \in M, \ j \in T_1$$

$$z_{ij} = y_{ij}/\sqrt{\sum_{i=1}^{n} y_{ij}^2}, \quad i \in M, \ j \in T_1$$

$$z_{ij} = \frac{y_{ij} - l_j}{e_j - l_j}, \quad i \in M, \ j \in T_1$$

式中：$y^{\max}_j$ 和 $y^{\min}_j$ 表示第 j 指标的最大值和最小值；下同。

（2）成本型指标。目前常用的成本型指标的规范化方法有

$$z_{ij} = \frac{y_j^{\max} - y_{ij}}{y_j^{\max} - y_j^{\min}}, \quad i \in M, \ j \in T_2$$

$$z_{ij} = y_j^{\min}/y_{ij}, \quad i \in M, \ j \in T_2$$

$$z_{ij} = 1 - y_{ij}/y_j^{\max}, \quad i \in M, \ j \in T_2$$

$$z_{ij} = y_{ij}/\sqrt{\sum_{i=1}^{n} y_{ij}^2}, \quad i \in M, \ j \in T_2$$

$$z_{ij} = -y_{ij}/y_j^{\max}, \quad i \in M, \ j \in T_2$$

$$z_{ij} = (y_j^{\max} - y_{ij})/\max_{s,t \in M}|y_{sj} - y_{tj}|, \quad i \in M, \ j \in T_2$$

$$z_{ij} = -y_{ij}/\sqrt{\sum_{i=1}^{n} y_{ij}^2}, \quad i \in M, \ j \in T_2$$

$$z_{ij} = 1 + y_j^{\min}/y_j^{\max} - y_{ij}/y_j^{\max}, \quad i \in M, \ j \in T_2$$

$$z_{ij} = \frac{y_{ij} - l_j}{e_j - l_j}, \quad i \in M, \ j \in T_2$$

式中：$(e_1, e_2, \cdots, e_n)$ 和 $(l_1, l_2, \cdots, l_n)$ 分别是人为规定的最优方案和最劣方案。

（3）固定型指标。固定型指标的规范化方法有

$$z_{ij} = \begin{cases} y_{ij}/a_j, & y_{ij} \in [y_j^{\min}, a_j] \\ 1 + a_j/y_j^{\max} - y_{ij}/y_j^{\max} & y_{ij} \in [a_j, y_j^{\max}] \end{cases}, \quad i \in M, \ j \in T_3$$

$$z_{ij} = 1 - |y_{ij} - a_j|/\max_i|y_{ij} - a_j|, \quad i \in M, \ j \in T_3$$

$$z_{ij} = 1 - \left|\frac{y_{ij} - a_j}{e_j - l_j}\right|, \quad i \in M, \ j \in T_3$$

$$z_{ij} = \frac{\max_i|y_{ij} - a_j| - |y_{ij} - a_j|}{\max_i|y_{ij} - a_j| - \min_i|y_{ij} - a_j|}, \quad i \in M, \ j \in T_3$$

式中：$(e_1,e_2,\cdots,e_n)$ 和 $(l_1,l_2,\cdots,l_n)$ 定义如前。

（4）区间型指标。区间型指标的规范化方法有

$$z_{ij} = \begin{cases} 1 - y_{ij}/q_1^j, & y_{ij} \in [y_j^{\min}, q_1^j] \\ 1, & y_{ij} \in [q_1^j, q_2^j] \\ 1 + q_2^j/y_j^{\max} - y_{ij}/y_j^{\max}, & y_{ij} \in [q_2^j, y_j^{\max}] \end{cases}, \quad i \in M, \ j \in T_4$$

$$z_{ij} = \begin{cases} 1 - \dfrac{q_1^j - y_{ij}}{\max\{q_1^j - y_j^{\min}, y_j^{\max} - q_2^j\}}, & y_{ij} \in [y_j^{\min}, q_1^j] \\ 1, & y_{ij} \in [q_1^j, q_2^j] \\ 1 + \dfrac{y_{ij} - q_2^j}{\max\{q_1^j - y_j^{\min}, y_j^{\max} - q_2^j\}}, & y_{ij} \in [q_2^j, y_j^{\max}] \end{cases}, \quad i \in M, \ j \in T_4$$

（5）偏离型指标。偏离型指标的规范化方法为

$$z_{ij} = \frac{\left|y_{ij} - b_j\right| - \min_i \left|y_{ij} - b_j\right|}{\max_i \left|y_{ij} - b_j\right| - \min_i \left|y_{ij} - b_j\right|}, \quad i \in M, \ j \in T_5$$

（6）偏离区间型指标。偏离区间型指标的规范化方法有

$$z_{ij} = \begin{cases} \dfrac{\max\{b_1^j - y_{ij}, y_{ij} - b_2^j\}}{\max\{b_1^j - y_j^{\min}, y_j^{\max} - b_2^j\}}, & y_{ij} \notin [b_1^j, b_2^j] \\ 0, & y_{ij} \in [b_1^j, b_2^j] \end{cases}, \quad i \in M, \ j \in T_6$$

$$z_{ij} = \frac{\max\{b_1^j - y_{ij}, y_{ij} - b_2^j\} - \min_l \max\{b_1^j - y_{ij}, y_{ij} - b_2^j\}}{\max_l \max\{b_1^j - y_{ij}, y_{ij} - b_2^j\} - \min_l \max\{b_1^j - y_{ij}, y_{ij} - b_2^j\}}, \quad i \in M, \ j \in T_6$$

对于定性指标主要有序标度法和区间标度法进行量化。

3.2.2 实验设计

实验设计，也称为试验设计，属于数理统计的一个分支。是关于如何按照预定目标制订适当的实验方案，以利于对实验结果进行有效的统计分析的数学原理和实施方法。

从 20 世纪 20 年代费希尔（R.A.Fisher）在农业生产中使用实验设计方法以来，实验设计方法已经得到广泛的发展，统计学家们发现了很多非常有效的实验设计技术。

一个好的实验设计包含几个方面的内容：

（1）明确衡量产品质量的指标，这个质量指标必须是能够量化的指标，在实验设计中称为实验指标，也称为响应变量 (Response Variable) 或输出变量；

（2）寻找影响实验指标的可能因素（Factor），也称为影响因子和输入变量。因

素变化的各种状态称为水平,要求根据专业知识初步确定因素水平的范围。后面所说的仿真因子就属于影响因子;

(3)根据实际问题,选择适用的实验设计方法。实验设计的方法有很多,每种方法都有不同的适用条件,选择了适用的方法就可以事半而功倍,选择的方法不正确或者根本没有进行有效的实验设计就会事倍而功半;

(4)科学地分析实验结果,包括对数据的直观分析、方差分析、回归分析等多种统计分析方法。

实验设计的三个基本原理是重复、随机化以及区组化。

(1)重复,是指基本实验的重复进行。重复有两条重要的性质:第一,允许实验者得到实验误差的一个估计量,这个误差的估计量成为确定数据的观察差是否是统计上的实验差的基本度量单位;第二,如果样本均值用作为实验中一个因素的效应的估计量,则重复允许实验者求得这一效应的更为精确的估计量;

(2)随机化,是指实验材料的分配和实验的各个实验进行的次序,都是随机地确定的。统计方法要求观察值(或误差)是独立分布的随机变量。随机化通常能使这一假定有效。把实验进行适当的随机化亦有助于"均匀"可能出现的外来因素的效应;

(3)区组化,是用来提高实验的精确度的一种方法。一个区组就是实验材料的一个部分,相比于实验材料全体它们本身的性质应该更为类似。区组化牵涉到在每个区组内部对感兴趣的实验条件进行比较;

常见的实验设计方法,可以分为两类:一类是正交实验设计法;另一类是析因法。

(1)正交实验设计法是研究与处理多因素实验的一种科学方法。它利用一种规格化的表格——正交表,挑选实验条件,安排实验计划和进行实验验,并通过较少次数的实验,找出较好的生产条件,即最优或较优的实验方案。正交实验设计主要用于调查复杂系统(产品、过程)的某些特性或多个因素对系统(产品、过程)某些特性的影响,识别系统中更有影响的因素、其影响的大小,以及因素间可能存在的相互关系,以促进产品的设计开发和过程的优化、控制或改进现有的产品(或系统);

(2)析因法又称析因实验设计、析因实验等。它是研究变动着的两个或多个因素效应的有效方法。许多实验要求考察两个或多个变动因素的效应。例如,若干因素对产品质量的效应、对某种机器的效应、对某种材料的性能的效应、对某一过程燃烧消耗的效应等。将所研究的因素按全部因素的所有水平(位级)的一切组合逐次进行试验,称为析因实验,或称完全析因实验,简称析因法。该方法主要用于新产品开发、产品或过程的改进以及安装服务,通过较少次数的实验,找到优质、高产、低耗的因素组合,达到改进的目的;

3.2.3 仿真因子

影响实验结果的因子和水平可能是多方面的或多水平的。在实验中，凡对实验指标可能产生影响的原因都称为影响因素。需要在实验中考察研究的因素，称为实验因素，也称为仿真因子（实验因子），简称因子。

仿真因子可分为定量因子和定性因子，又可分为可控和不可控两类。有的仿真因子是可以控制或调节的，如温度、压力、速度等，而有一些因子是不可控制的，如环境因子、温度和湿度等，则称为不可控因子或干扰因子。在实验设计中，如无特别规定，因子一般指可控因子。实验因素是实验中的已知条件，能严格控制，所以是可控因素，也只能是可控因素。固定因素也是一种可控因素，这些因素可以控制固定在某一适宜水平状态下进行实验，如机型、轮胎气压等。通常把未被选作实验因子的影响因素，包括可控因素和不可控因素统称为条件因素或试验条件。

在实验设计时，因素与实验指标的关系为不确定性关系，即相关关系。实验结果的分析处理需应用数理统计的原理和方法。

在实验中因子所处的各种状态，或所取的不同数值、不同等级、不同规格，称为因子的水平。所有实验因子的水平组合所形成的实验点，称为处理组合，也称组合。实验的目的之一就是找出最优组合。

3.2.4 综合评估法

在将底层评估指标汇聚成上层评估指标是，需要用到综合评估法。目前国内外常用的综合评估方法分为专家评估法、经济分析法、运筹学和其他数学方法。运筹学方法中使用较多的有多属性评估方法、多目标决策方法、DEA 方法、层次分析法、模糊综合评估方法和数理统计方法等。各种方法都有一定的应用范围和优缺点。这里介绍一种常用的综合评估方法——层次分析法（Analytic Hierarchy Process，AHP）。

层次分析法是美国著名运筹学家萨迪（T.L.Saaty）教授于 20 世纪 70 年代初提出的。AHP 本质上是一种思维方法。它把问题分解组合成各个因素，又将这些因素按支配关系分组形成递阶层次结构，通过两两比较的方式确定层次中诸因素相对重要性，然后综合决策者的判断确立各方案的权重。整个过程体现了人的思维的基本特征，即分解—判断—组合。因此，AHP 是一种定量与定性相结合的方法，它将人的主观判断用数量形式表达和处理的方法，改变了长期以来决策者与决策分析者之间难以沟通的状态，大大地提高了决策的有效性、可信性和可行性。

层次分析法有如下特点：

（1）系统性。AHP 方法的思想基础与系统分析的原理是一致的，它要求决策者在对问题进行分析时，首先将要分析对象的诸因素建立彼此相关的层次递阶系统结构。这种层次递阶系统结构可以清晰地反映出诸因素(目标、准则、方案)的彼此关系。这可使决策者在进行决策分析时,把复杂问题于千头万绪之中顺理成章。

(2)综合性。AHP方法在对事物进行分析时,能对定性问题与定量问题进行综合分析处理,并能得出定量化结论,以优劣排序的形式表现出来,这有助于决策者进行判断。

(3)简便性。AHP方法对事物的评判决策过程十分简便。

(4)准确性。AHP方法能为人们提供满意或最优的决策,同时还能吸收决策者个人或集团的经验、阅历、智慧、判断能力,从而进行决策,使决策建立在扎实的基础上。

层次分析法的基本思想可以用一个例子简要说明。设有 n 个物体,重量分别为 $w_i(i=1,2,\cdots,n)$,记重量向量 $W=(w_1,w_2,\cdots w_n)^T$,构造判断矩阵为

$$A=(a_{ij})_{n\times n}, \quad a_{ij}=w_i/w_j$$

显然 A 满足 $AW=nW$,即 $(A-nI)W=0$。因此,如果通过对物体两两比较确定出判断矩阵 A,那么求解方程 $(A-nI)W=0$ 即可得到权重向量,也即 n 个物体的重量。

层次分析法的基本步骤是:

(1)明确问题,确定目标;

(2)分析系统中各因素之间的关系,建立系统的递阶层次结构;

(3)对同一层的各元素与上一层中某一准则的重要性进行两两比较,构造两两比较矩阵,即判断矩阵;

(4)由判断矩阵计算被比较元素对于该准则的相对权重,即层次单排序,并进行一致性检验;

(5)计算各层元素对系统目标的合成权重,并进行排序,进行一致性检验,得出最后结果。

4. 实验过程

该实验的过程可主要分为如下几个步骤:

(1)根据系统分析评估的目的需要,构建相应的评估指标体系;

(2)进行实验方案的设计,选择仿真因子,设置仿真因子实验水平,生成所需的实验样本生成;

(3)构建仿真方案,转换生成系统设计方案对应的仿真模型(Petri网模型);

(4)根据能力评估指标的需求,对仿真模型(Petri网模型)进行编辑;

(5)依据实验样本,对仿真模型(Petri网模型)进行多样本执行,采集仿真模型(Petri网模型)运行的结果数据;

(6)配置评估模型和评估指标数据,对系统的能力指标进行分析评估,得出不

同方案下的系统能力评估指标，并撰写系统能力评估分析实验报告。

5. 案例分析

这里系统设计方案能力评估的案例，还是以系统方案设计实验中设计的国防动员业务信息系统为基础，重点对国防动员系统的能力指标进行分析，评估国防动员系统的整体能力值。

5.1 能力指标体系构建

首先在信息系统能力评估分析工具的能力指标体系构建页面导入国防动员系统设计案例中的能力指标，如图6-15所示。

图6-15　导入国防动员系统案例的能力指标（见彩图）

然后为各能力值的分析创建具体的能力指标项。在本案例中，分别为任务评估能力、任务规划能力、信息支撑能力和行动调控能力创建了时效性、可行性、满足度以及可用性等能力指标项，如图6-16所示。

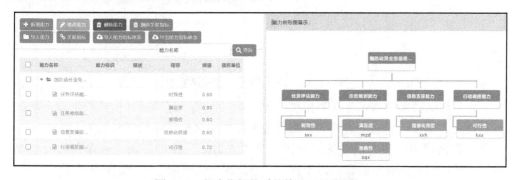

图6-16　能力指标体系的构建（见彩图）

完成能力指标体系的创建后，可以将该能力指标体系导出，作为实验方案和仿真方案创建的依据。

5.2 实验方案设计

（1）创建实验方案。

信息系统验证分析工具的实验方案管理界面中创建相应的实验方案。在本案例中创建了"任务评估能力_时效性"实验方案，如图 6-17 所示。需要注意的是，在"导入设计数据"时，需要保证导入的设计数据是国防动员系统案例的设计数据；在"导入指标数据"时，导入的是任务评估能力下面的时效性指标。

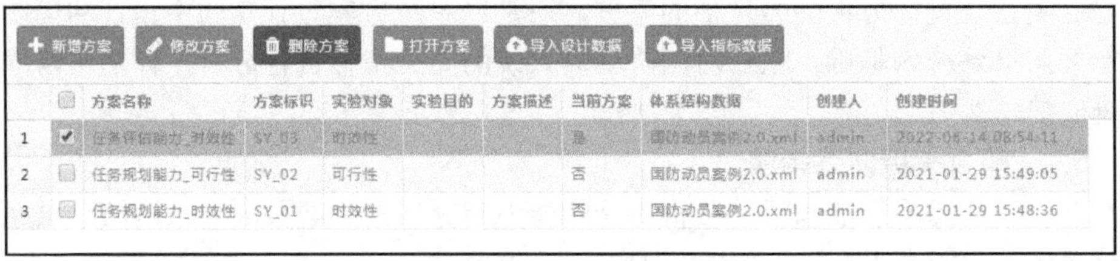

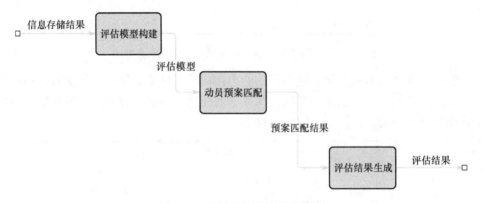

图 6-17 创建实验方案（见彩图）

（2）仿真因子选择和因子水平设置。

由于该实验方案主要是针对任务评估能力的时效性指标进行分析评估，因此在选择相应的影响因素时，主要是针对国防动员系统的"动员总结评估"活动模型来进行分析，如图 6-18 所示。

图 6-18 动员总结评估活动模型

在该活动模型中共包括评估模型构建、动员预案匹配以及评估结果生成三个业务活动，因此在仿真因子选择时，需要选择能影响这些活动处理时间的影响因子，对于"评估模型构建"活动的影响因子有"评估处理能力"和"可选评估模型数目"，"评估结果生成"的影响因子有"评估结果生成时间"，如图 6-19 所示。

选择完仿真因子后，可以进行因子的实验水平设置。比如，对于"评估处理能力"这个仿真因子按照均匀分布的方式从 1 至 3 设置了三个实验水平，如图 6-20 所示。这代表评估处理能力的三个等级，等级越高，表示评估处理能力越强，评估模型构建活动需要的用时越少。对于"可选评估模型数目"和"评估结果生成时间"等两个仿真因子也可以采用类似的方法来设置实验水平。需要注意的是，可选评估模型数目的多少与评估模型构建活动的处理用时是成正比的，即评估模型数目越多,评估模型构建活动处理用时也越多。

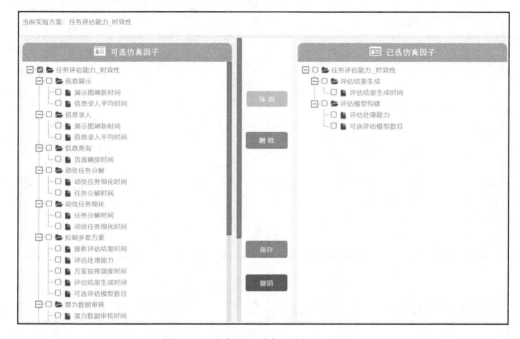

图 6-19 仿真因子选择示例(见彩图)

图 6-20 仿真因子实验水平设置(见彩图)

(3)实验样本生成。

完成仿真因子选择和实验水平设置后,就可以生成相应的实验样本。在本案例中,在实验样本生成与管理页面中,通过点击"刷新生成"中"正交生成"方式,就可以按正交方式生成所需的实验样本,如图 6-21 所示。

5.3 仿真模型生成、编辑与执行

(1)生成仿真模型。

先在仿真方案管理界面中,创建一个新的仿真方案,在本案例中创建了一个"任务评估能力时效性仿真"的仿真方案,如图 6-22 所示。需要注意的是,在"关联实验方案"时,需保证对应的实验方案前面创建的是"任务评估能力_时效性"

实验方案。

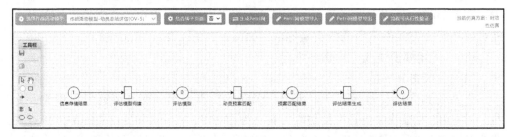

图 6-21 实验样本生成（见彩图）

图 6-22 创建仿真方案（见彩图）

然后进行仿真模型的转换生成。前面在仿真因子选择的过程中，说明了重点是对国防动员系统的"动员总结评估"活动模型来进行分析，因此本案例中，仿真模型也是从"动员总结评估"活动模型转换而来的，如图 6-23 所示。需要说明的是，具体选择哪个活动模型进行转换，需要结合具体分析的需要来确定，可以转换某个底层的活动模型，也可以是顶层的活动模型。

图 6-23 动员总结评估活动模型转换生成的 Petri 网模型（见彩图）

最后根据分析评估的需要，可以对生成的 Petri 网模型进行编辑。在本案例中，主要进行了两个地方的编辑：一是对于开始位置，即"信息存储结果"处添加了一个令牌，如图 6-24 所示；二是对"评估模型构建"和"评估结果生成"两处转移的脚本函数进行了编辑，如图 6-25 和图 6-26 所示。需要说明的是，在"评估模型构建"转移的脚本函数中主要是依据"评估处理能力"和"可选评估模型数目"仿真因子的取值，对"评估模型构建"活动的处理时间进行了处理，总的原则是评估处理能力越强，同时可选评估模型数目越少，评估模型构建的时间越短；在"评估结果生成"转移的脚本函数中主要是依据仿真因子"评估结果生成时间"的值，对"评估结果生成"活动的处理时间进行了处理。

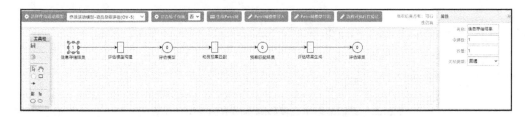

图 6-24　Petri 网模型的令牌设置（见彩图）

图 6-25　评估模型构建转移脚本函数的编辑（见彩图）

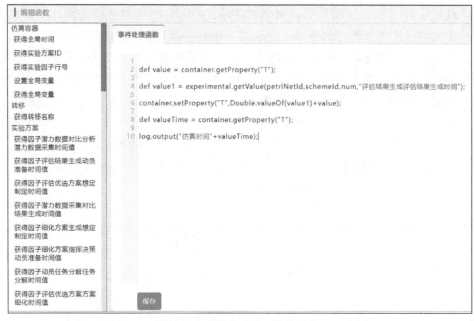

图 6-26 评估结果生成转移脚本函数的编辑（见彩图）

（2）仿真模型的执行。

为了获取仿真模型的执行数据，还要对编辑后的仿真模型进行执行分析。在仿真模型执行界面中，如图 6-27 所示。为了对仿真模型的正确性进行分析，可以采用"单步执行"或"连续执行"的方式，在本案例中，这些仿真模型都是正确可执

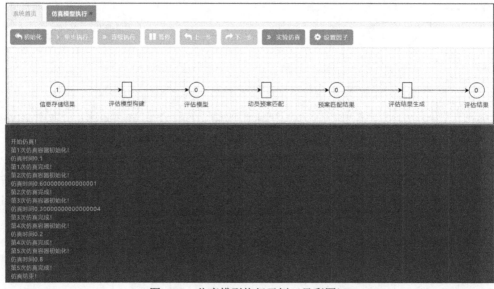

图 6-27 仿真模型执行示例（见彩图）

行的，因此略过这些测试。点击"实验仿真"按钮，在弹出的对话框中，可以选择相应的实验样本和仿真执行次数，如图 6-28 所示。在本案例中，为了全面分析各个实验样本情况下对能力指标的影响，设置了对全部 9 个实验样本进行分析，而且每个实验样本的仿真执行次数都是 10 次（为了消除偶然因素的影响）。再点击"确定"按钮，就可以执行多样本的多次仿真实验。

图 6-28　实验仿真条件设置

对于仿真模型运行的结果数据，可以在仿真结果导出页面中进行导出，如图 6-29 所示。仿真结果的导出方式，既可以按照各个实验样本逐条导出，也可以一次性将所有的仿真结果数据以文件的形式全部导出。导出的数据文件可以支持 Xml 和 Word 两种格式的文件，但是在进行能力评估时，所导入的仿真结果数据只能是 Xml 格式的文件。

实验样本	评估处理能力	可选评估模…	评估结果生…	导出Xml	导出Word
1	1.00	1.00	3.00	导出仿真结果-导出Xml	导出仿真结果-导出Word
2	1.00	2.00	5.00	导出仿真结果-导出Xml	导出仿真结果-导出Word
3	1.00	3.00	4.00	导出仿真结果-导出Xml	导出仿真结果-导出Word
4	2.00	1.00	5.00	导出仿真结果-导出Xml	导出仿真结果-导出Word
5	2.00	2.00	4.00	导出仿真结果-导出Xml	导出仿真结果-导出Word
6	2.00	3.00	3.00	导出仿真结果-导出Xml	导出仿真结果-导出Word
7	3.00	1.00	4.00	导出仿真结果-导出Xml	导出仿真结果-导出Word
8	3.00	2.00	3.00	导出仿真结果-导出Xml	导出仿真结果-导出Word
9	3.00	3.00	5.00	导出仿真结果-导出Xml	导出仿真结果-导出Word

图 6-29　仿真结果导出界面（见彩图）

5.4　评估数据与评估模型配置

下面可以对能力指标体系中的各能力指标进行能力评估。在进行能力指标评估前，先要对各底层能力指标设置相应的数据来源。在本案例中，任务评估能力的时效性指标来源于仿真数据，这与在仿真方案中设置的"任务评估能力时效性仿真"仿真方案也是相对应的，如图 6-30 所示。对于其余能力的能力指标项（任务规划能力、信息支撑能力和行动调控能力的可行性、满足度以及可用性等能力指标项）的数据来源，在本案例中都设置为外部数据。

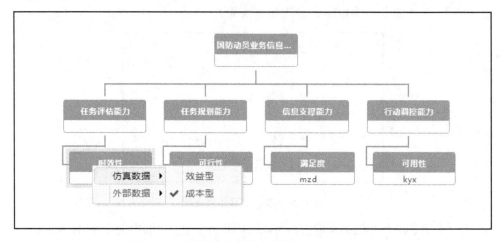

图 6-30 时效性指标的仿真数据配置（见彩图）

其中，仿真输入数据在仿真数据管理页面中，可以通过"导入数据"和"批量导入"两种方式分别导入单样本实验数据或者是多样本的整体仿真数据，如图 6-31 所示。

图 6-31 仿真数据导入示例（见彩图）

外部输入数据可以在外部数据管理页面中，通过先"下载模板"，然后在模板中填入所需的外部数据值，再将结果通过"导入数据"的方式，将所需的外部数据导入，如图 6-32 所示。

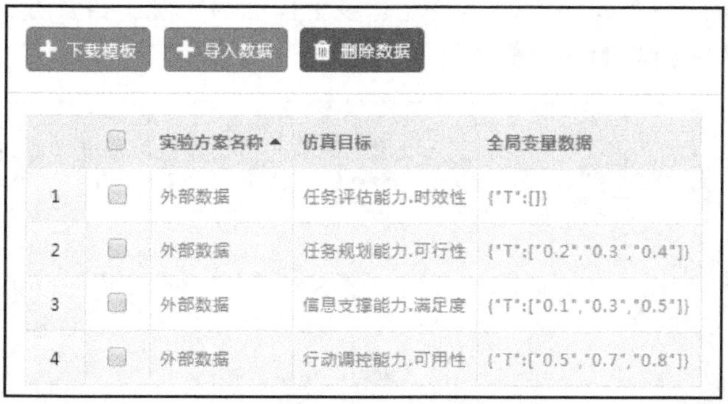

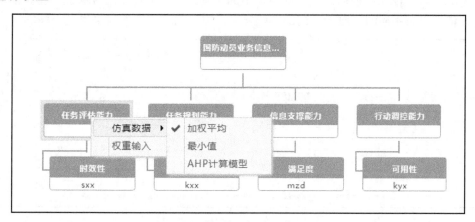

图 6-32　外部数据导入示例（见彩图）

完成底层能力指标的数据来源配置后，就可以进行上层指标项的评估模型配置。在指标模型配置页面中，用鼠标右键点击所需进行配置的指标项，在弹出的菜单项中可以选择"加权平均"或"AHP 计算模型"等方式，如图 6-33 所示。在本案例中，对于任务评估能力所选的评估模型是"加权平均"，然后还需要对各指标项的权重值进行设置。同理，对于其它的能力指标也可以采用类似的方法进行设置。

图 6-33　上层指标的评估模型配置示例

5.5　系统设计方案能力评估指标计算

完成上面的操作后，就可以进行能力指标的评估计算。在评估计算执行的评估计算页面中，点击"评估计算"按钮，就可以进行能力指标的评估计算。在具体计算之前，如果底层能力指标项的数据是来源于仿真数据的，还会弹出实验样本选择的对话框,如图 6-34 所示。在这次计算中,先选择的是第一个实验样本,在后续的计算中,还会选择后续的各个实验样本,以便对不同实验样本的评估结果数据进行对比分析。由于在本案例中,只有"时效性"一个指标来源于仿真数据,因此只要选择这一个指标的实验样本;如果是有多个指标都来源于仿真数据,那么则要为各个指标分别选择相应的实验样本。

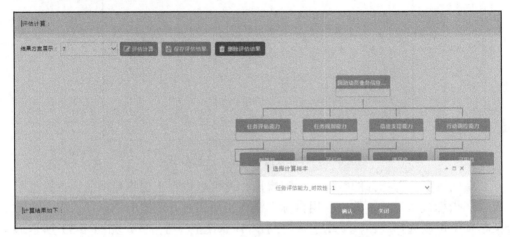

图 6-34 评估计算中选择样本示例(见彩图)

完成实验样本的选择后,就可以得到能力评估的计算结果。图 6-35 显示的就是上述能力指标项,根据第一个实验样本的仿真数据计算得出的各级能力指标的能力评估结果。相应的,对于不同的实验样本,得出的能力评估结果也是不同的。

一级节点		二级节点		三级节点	
能力名称	计算结果	能力名称	计算结果	能力名称	计算结果
国防动员业务信息系统能力	1.0609	任务评估能力	0.5431	时效性	0.7759
		任务规划能力	0.6444	满足度	0.5185
				准确性	0.8333
		信息支撑能力	0.6667	信息化程度	0.8333
		行动调控能力	0.6429	可行性	0.7143

结论:当前样本方案下任务规划能力,准确性指标性能最好,任务规划能力,满足度指标性能最差,信息支撑能力,信息化程度指标性能最好,整体方案能力效果值为1.0609

图 6-35 能力评估分析结果示例(见彩图)

对于不同的能力评估结果,可以进行分别保存,然后在评估计算执行的评估分析页面中,可以以直方图的方式展现不同实验样本条件下能力评估的计算结果,如图 6-36 所示。对于本案例来说,实验样本 7 对应的能力评估值是最优的。查看前面的实验样本,可知在该条件下,"评估处理能力"是最强的,"可选评估模型数目"是最少的,同时"评估结果生成时间"也是较优的,因此对应的系统评估能力也是最优的,这与现实情况也是吻合的。

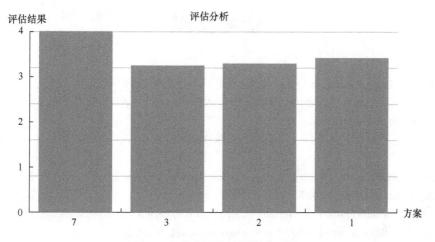

图 6-36　能力评估结果展现示例

上面以国防动员业务信息系统的能力指标体系为例,重点对任务评估能力的评估过程进行了分析,相关的指标数据和样本数据设置略为简单,本书的重点在于说明能力评估指标分析的过程和方法,使读者能掌握如何运用工具开展信息系统的能力评估工作,从而为开展相关信息系统的能力评估工作奠定良好的基础。

6. 实验报告要求

实验报告主要包括以下内容:能力指标体系描述、实验方案描述、仿真模型说明、评估模型配置说明、能力评估的结果、分析结论等。

参考文献

[1] 童志鹏. 综合电子信息系统[M]. 北京：国防工业出版社，2008.

[2] Hennessy, Patterson. Computer Architecture: A Quantitative Approach(3rd edition)[M]. Morgan Kaufmann publishers, 2002.

[3] 罗雪山，罗爱民，张耀鸿. 军事信息系统体系结构技术[M]. 北京：国防工业出版社，2010.

[4] C4ISR Architecture Working Group. C4ISR Architecture Framework Version 2.0[R]. U.S.: Department of Defense, 1997.

[5] DoD Architecture Framework Working Group. DoD Architecture Framework Version 2.0 Volume II: Architectural Data and Models[R]. U.S.: Department of Defense, 2009.

[6] DoD Architecture Framework Working Group. DoD Architecture Framework Version 2.0 Volume I: Definitions Overviews and Concepts[R]. U.S.: Department of Defense, 2009.

[7] Architecture Workgroup. C4ISR Core Archtecture Data Model (CADM) Version 1.0[EB/OL].

[8] Office of Assistant Secretary of Defense. C4ISR Core Architecture Data Model Version 2.0[EB/OL].

[9] DoD Architecture Framework Working Group. DoD Architecture Framework Version 2.0 Volume III: DoDAF Meta-Model Physical Exchange Specification[R]. U.S.: Department of Defense, 2009.

[10] UK Ministry of Defense. UK Ministry of Defense Architectural Framework v1.1[R]. UK: UK Ministry of Defense, 2007.

[11] UK Ministry of Defense. UK Ministry of Defense Architectural Framework v1.2[R]. UK: UK Ministry of Defense, 2008.

[12] 谢文才. 基于元模型的军事信息系统体系结构建模方法研究[D]. 长沙：国防科技大学，2012.

[13] The NATO C3 Board. The NATO Architecture Framework Version 3.0[EB/OL] .http://www.nhqc3s.nato.int/Browser.asp?Target=_docs/NAF_v3.

[14] Shin I Wagenhals L W, Kim D, Levis A H. C4ISR Architectures II: A Structured Analysis Approach for Architecture Design[J]. Systems Engineering, 2000, 3(4): 248-287.

[15] DoD Architecture Framework Working Group . DoD ArchitectureFramework Version 1.5 Volume I: Definitions and Guidelines[R]. U.S.: Department of Defense, 2007.

[16] 曲爱华，陆敏. 解读英国国防部体系结构框架 MODAF1.2[J]. 指挥控制与仿真， 2010，32(1)：116-120.

[17] The MODAF Develpment Team. The MOD Architecture Framework Version 1.2[R]. The MODAF Develpment Team, 2008.

[18] Command and Control Board (NC3B) NATO Consultation. Introduction to NATO Architecture : NATO ARCHITECTURE FRAMEWORK Version 3[EB/OL]. http://www.nato.int.

[19] Command and Control Board (NC3B) NATO Consultation. Transition Guidance NAF v2 to NAF v3[EB/OL]. http://www.nato.int.
[20] 陆敏，王国刚，黄湘鹏，等．解读北约体系结构 NAF[J]．指挥控制与仿真，2010，32(5)：117-122.
[21] 总装备部武器装备论证研究中心．军事电子信息系统体系结构框架[R]．北京：中国电子科技集团公司电子科学研究院，2005．
[22] 姜志平，罗爱民，陈洪辉，等．核心体系结构数据模型的设计思想[J]．火力与指挥控制，2008，33(3)：84-87．
[23] 姜志平．基于 CADM 的 C4ISR 系统体系结构验证方法及关键技术研究[D]．长沙：国防科技大学，2007．
[24] 王磊．C4ISR 体系结构服务视图建模描述与分析方法研究[D]．长沙：国防科技大学，2011．
[25] Wagenhals L W, Levis A H. C4ISR Architectures I: Developing a processfor architecture design[J]. Systems Engineering, 2000, 3(4): 225-247.
[26] 姜志平，何明等．以数据为中心的 C4ISR 体系结构开发方法[J]．火力与指挥控制，2009，34(1)：70-74．
[27] Luo X S, Xie W C, Huangfu X P. Meta-Model Based Methodology of C4ISR System Architecture Development[C]. International Conference on Computer Science and Information Technology, 2011.
[28] Ring Steven J. An activity based methodology for developmentand analysis of integrated DoD architectures[C]. 2004 Command and Control Research and TechnologySymposium The Power of Information Age Concepts and Technologies,2004.
[29] 罗爱民，黄力，罗雪山．以活动为中心的体系结构设计方法研究[J]．系统工程与电子技术，2008，30(3)：499-502．

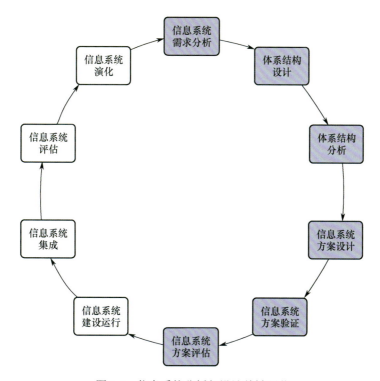

图 1-1 信息系统分析与设计关键环节

图 1-2 信息系统分析与设计平台组成

彩 1

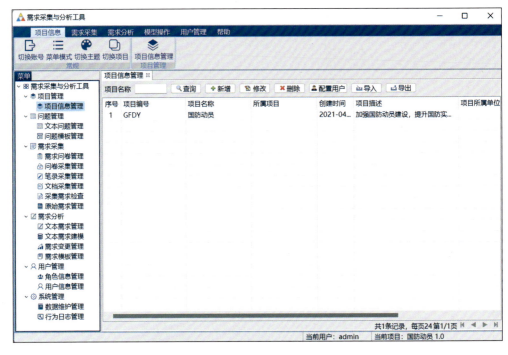

图1-3 需求采集与分析工具主界面

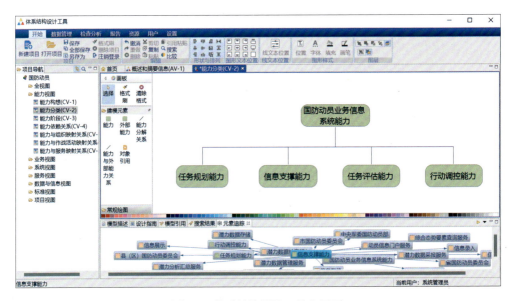

图1-4 体系结构设计工具主界面

彩2

图 1-5 信息系统验证分析工具主界面

图 1-6 信息系统能力评估工具主界面

彩 3

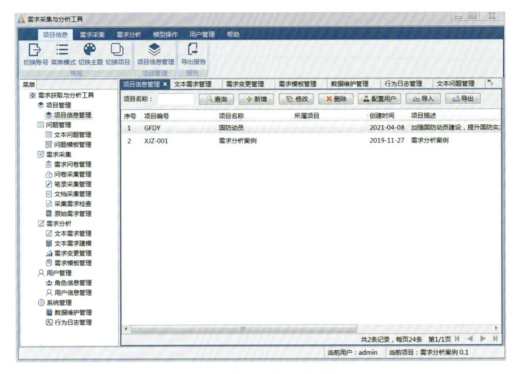

图 3-1　需求采集与分析工具软件主界面

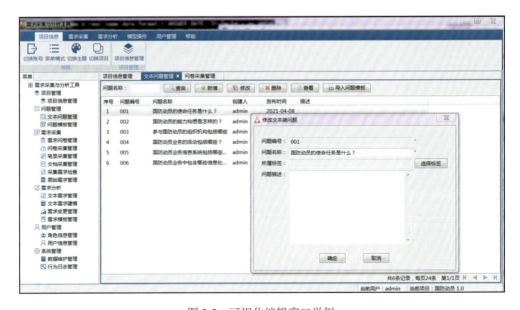

图 3-2　可视化编辑窗口举例

彩 4

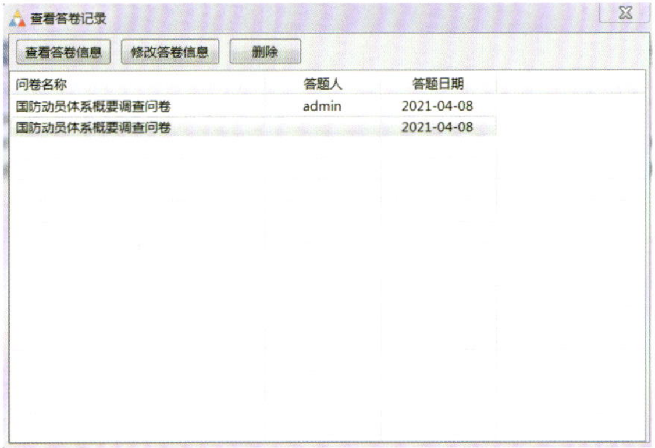

图 3-4 需求问卷设置

图 3-5 需求问卷调查结果示例

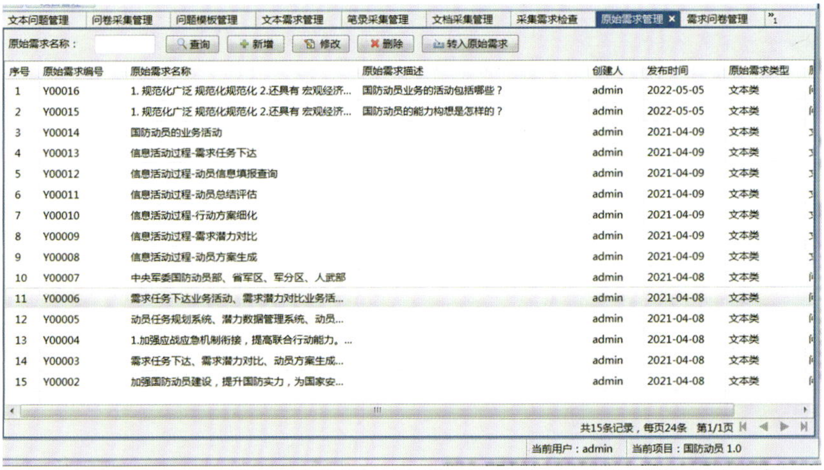

图 3-6 原始需求管理图

彩 5

图 3-7 文本需求管理图

图 3-8 文本需求建模图

彩 6

图 3-12 国防动员系统需求模板设置

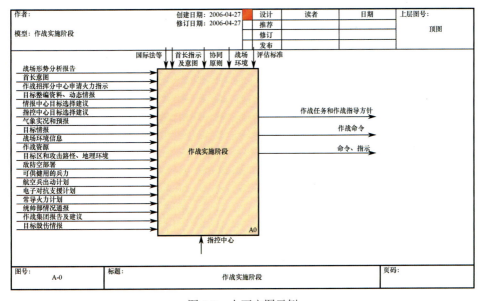

图 4-9 上下文图示例

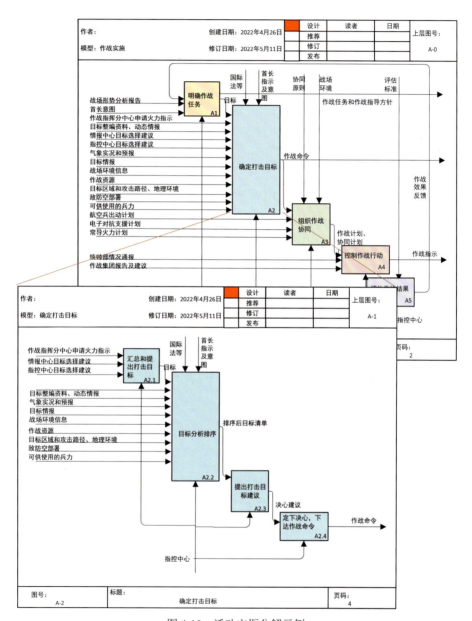

图 4-10 活动方框分解示例

彩 8

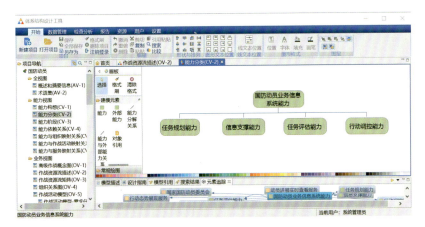

图 4-14 国防动员业务信息系统能力分类模型示例

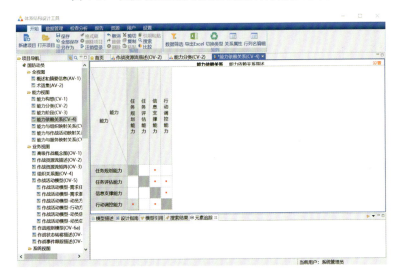

图 4-15 国防动员业务信息系统能力依赖模型示例

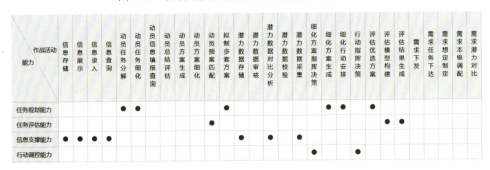

图 4-20 能力与活动映射关系模型示例

彩 9

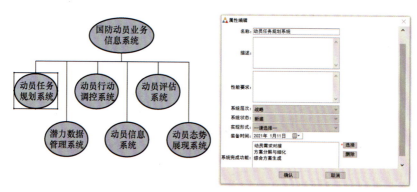

图 4-22 系统组成描述模型示例

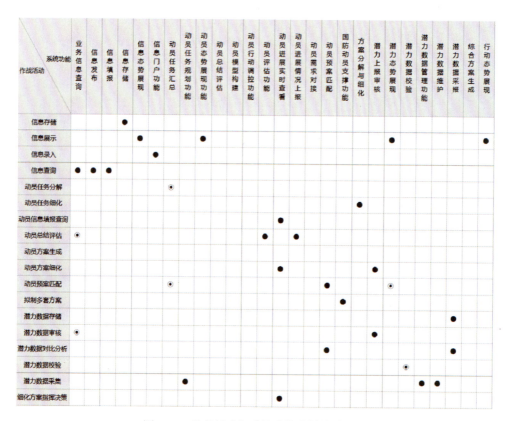

图 4-23 业务活动与系统功能映射关系示例

彩 10

图 4-25 选择项目

图 4-26 【完备性检查】对话框

图 4-27 【模型完备性检查】输出结果

图 4-28 实体对象完备性检查输出结果

彩 11

图 4-29　关系对象完备性检查输出结果

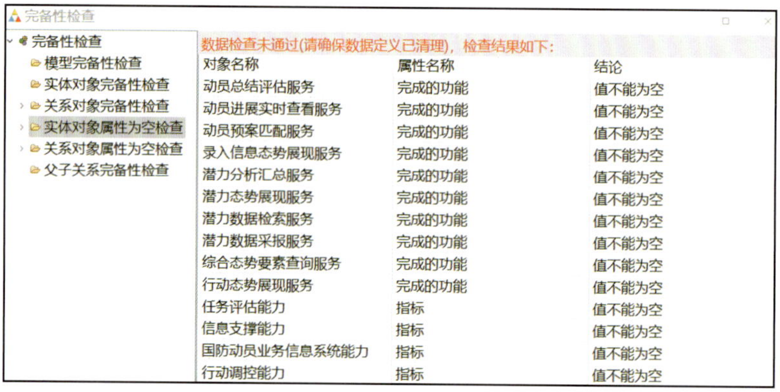

图 4-30　实体对象属性为空输出结果

图 4-31　关系对象属性完备性输出结果

图 4-32　平衡度检查通过输出结果

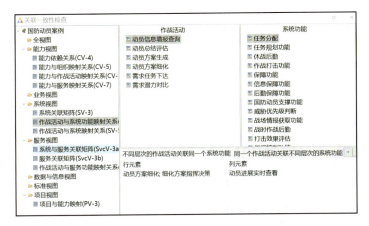

图 4-33　关联一致性检查第一种情况检查结果

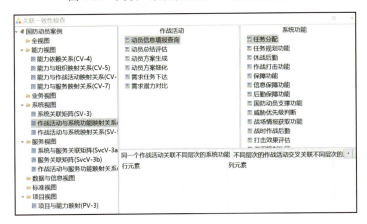

图 4-34　关联一致性检查第二种情况检查结果

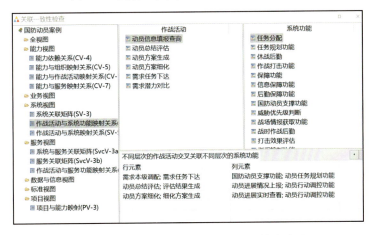

图 4-35　关联一致性检查第三种情况检查结果

彩 13

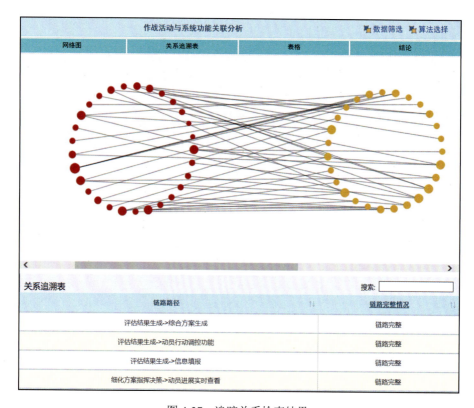

图 4-37 追踪关系检查结果

图 5-7 系统功能的属性编辑

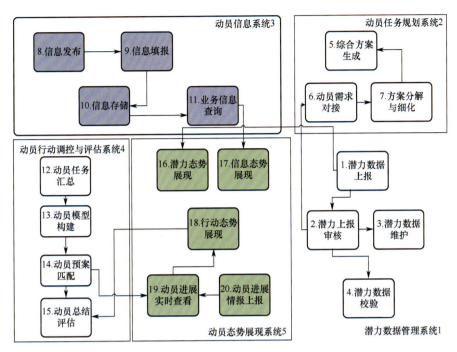

图 5-8　国防动员系统功能流图方案

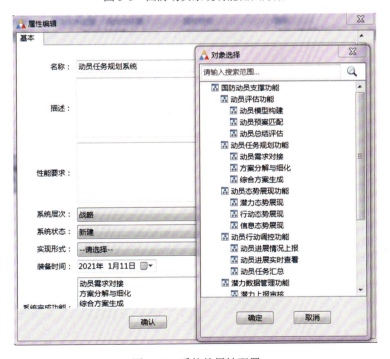

图 5-10　系统的属性配置

图 5-18　系统方案指标计算示例

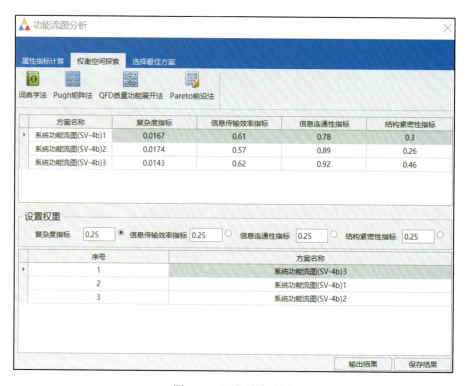

图 5-19　词典学法示例

彩 16

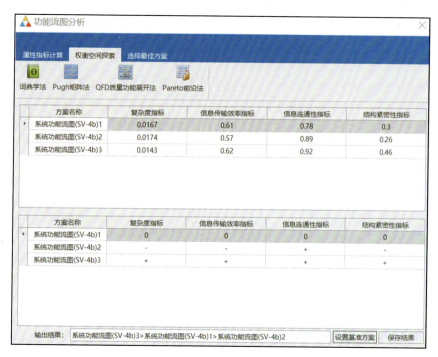

图 5-20 Pugh 矩阵法示例

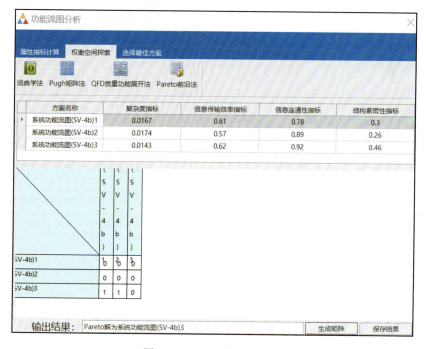

图 5-21 Pareto 前沿法示例

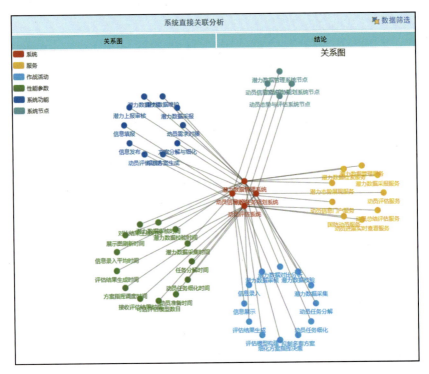

图 6-6　系统关联分析示例

图 6-15　导入国防动员系统案例的能力指标

图 6-16　能力指标体系的构建

彩 18

图 6-17 创建实验方案

图 6-19 仿真因子选择示例

图 6-20 仿真因子实验水平设置

彩 19

图 6-21 实验样本生成

图 6-22 创建仿真方案

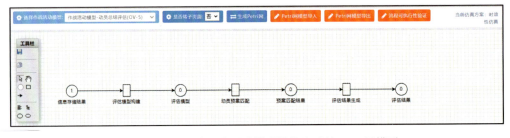

图 6-23 动员总结评估活动模型转换生成的 Petri 网模型

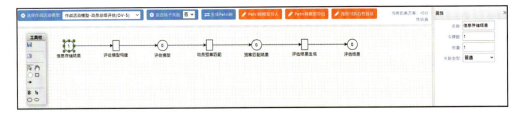

图 6-24 Petri 网模型的令牌设置

彩 20

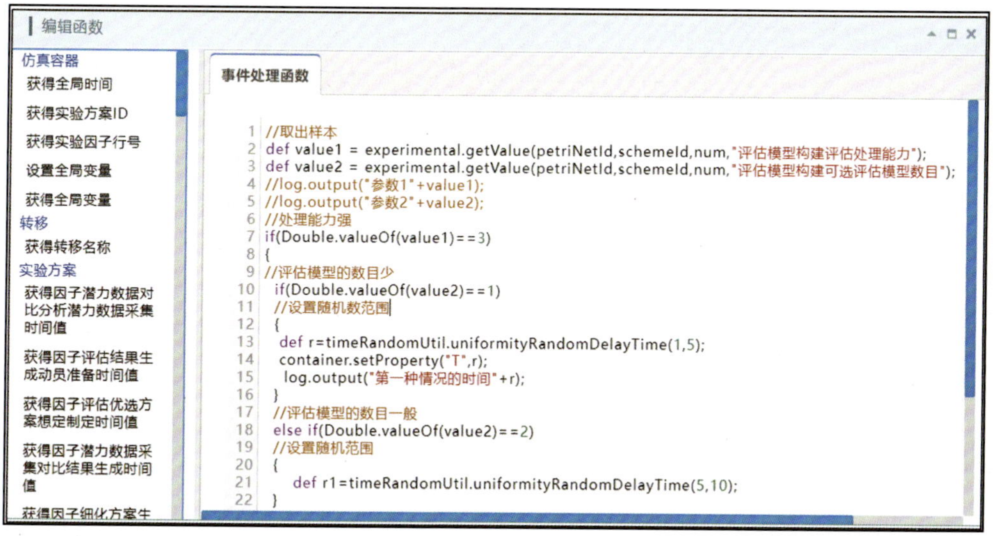

编辑函数
仿真容器
获得全局时间
获得实验方案ID
获得实验因子行号
设置全局变量
获得全局变量
转移
获得转移名称
实验方案
获得因子潜力数据对比分析潜力数据采集时间值
获得因子评估结果生成动员准备时间值
获得因子评估优选方案想定制定时间值
获得因子潜力数据采集对比结果生成时间值
事件处理函数
//取出样本
def value1 = experimental.getValue(petriNetId,schemeId,num,"评估模型构建评估处理能力");
def value2 = experimental.getValue(petriNetId,schemeId,num,"评估模型构建可选评估模型数目");
//log.output("参数1"+value1);
//log.output("参数2"+value2);
//处理能力强
if(Double.valueOf(value1)==3)
{
//评估模型的数目少
if(Double.valueOf(value2)==1)
//设置随机数范围
{
def r=timeRandomUtil.uniformityRandomDelayTime(1,5);
container.setProperty("T",r);
log.output("第一种情况的时间"+r);
}
//评估模型的数目一般
else if(Double.valueOf(value2)==2)
//设置随机范围
{
def r1=timeRandomUtil.uniformityRandomDelayTime(5,10);
}

图 6-25　评估模型构建转移脚本函数的编辑

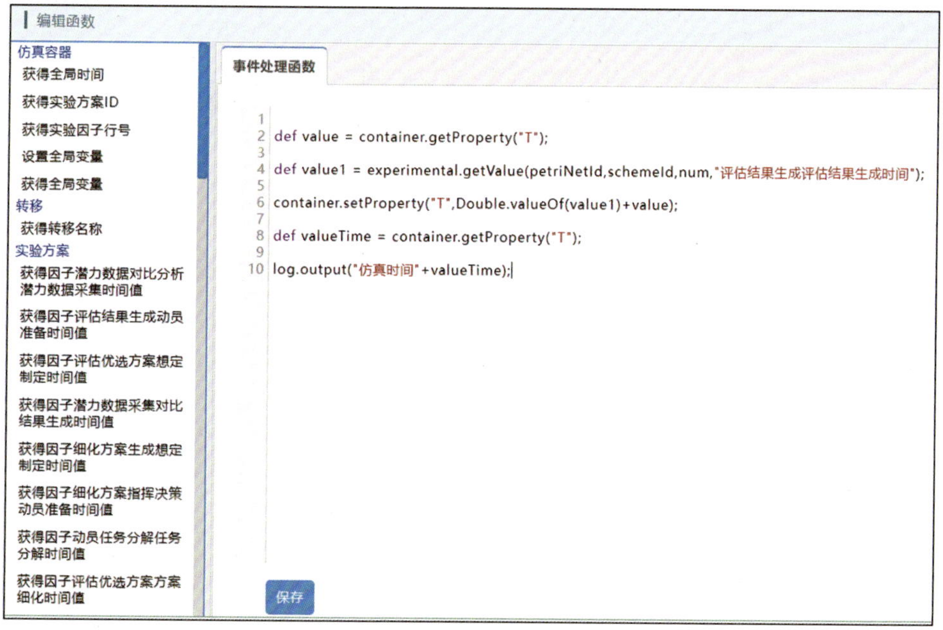

编辑函数
仿真容器
获得全局时间
获得实验方案ID
获得实验因子行号
设置全局变量
获得全局变量
转移
获得转移名称
实验方案
获得因子潜力数据对比分析潜力数据采集时间值
获得因子评估结果生成动员准备时间值
获得因子评估优选方案想定制定时间值
获得因子潜力数据采集对比结果生成时间值
获得因子细化方案生成想定制定时间值
获得因子细化方案指挥决策动员准备时间值
获得因子动员任务分解任务分解时间值
获得因子评估优选方案方案细化时间值
事件处理函数
def value = container.getProperty("T");
def value1 = experimental.getValue(petriNetId,schemeId,num,"评估结果生成评估结果生成时间");
container.setProperty("T",Double.valueOf(value1)+value);
def valueTime = container.getProperty("T");
log.output("仿真时间"+valueTime);
保存

图 6-26　评估结果生成转移脚本函数的编辑

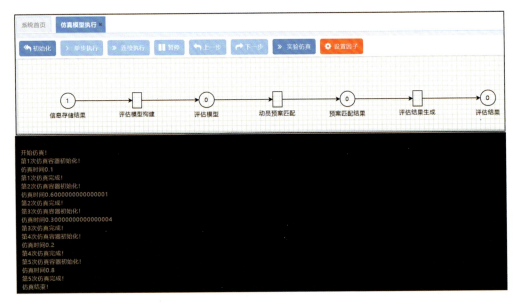

图 6-27 仿真模型执行示例

图 6-29 仿真结果导出界面

彩 22

图 6-30　时效性指标的仿真数据配置

		实验方案名称	编号	因素	因素值	仿真目标
1		任务评估能力_时效性	1	评估模型构建_可选评估模型数目,评估模型构建_评估处理能力,评估结果生成_评估结果生成时间	1.00,1.00,3.00	时效性
2		任务评估能力_时效性	2	评估模型构建_可选评估模型数目,评估模型构建_评估处理能力,评估结果生成_评估结果生成时间	2.00,1.00,5.00	时效性
3		任务评估能力_时效性	3	评估模型构建_可选评估模型数目,评估模型构建_评估处理能力,评估结果生成_评估结果生成时间	3.00,1.00,4.00	时效性
4		任务评估能力_时效性	4	评估模型构建_可选评估模型数目,评估模型构建_评估处理能力,评估结果生成_评估结果生成时间	1.00,2.00,5.00	时效性
5		任务评估能力_时效性	5	评估模型构建_可选评估模型数目,评估模型构建_评估处理能力,评估结果生成_评估结果生成时间	2.00,2.00,4.00	时效性
6		任务评估能力_时效性	6	评估模型构建_可选评估模型数目,评估模型构建_评估处理能力,评估结果生成_评估结果生成时间	3.00,2.00,3.00	时效性
7		任务评估能力_时效性	7	评估模型构建_可选评估模型数目,评估模型构建_评估处理能力,评估结果生成_评估结果生成时间	1.00,3.00,4.00	时效性
8		任务评估能力_时效性	8	评估模型构建_可选评估模型数目,评估模型构建_评估处理能力,评估结果生成_评估结果生成时间	2.00,3.00,3.00	时效性
9		任务评估能力_时效性	9	评估模型构建_可选评估模型数目,评估模型构建_评估处理能力,评估结果生成_评估结果生成时间	3.00,3.00,5.00	时效性

图 6-31　仿真数据导入示例

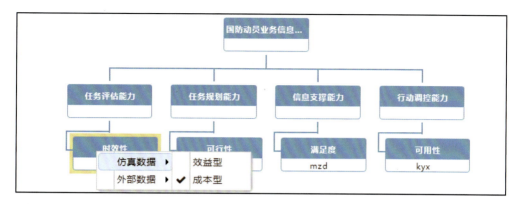

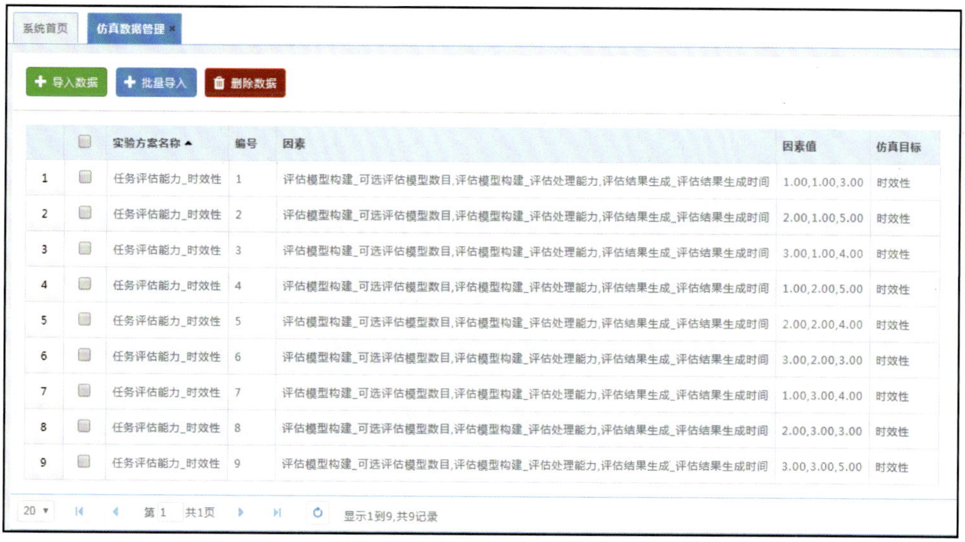

图 6-32　外部数据导入示例

图 6-34　评估计算中选择样本示例

一级节点		二级节点		三级节点	
能力名称	计算结果	能力名称	计算结果	能力名称	计算结果
国防动员业务信息系统能力	1.0609	任务评估能力	0.5431	时效性	0.7759
		任务规划能力	0.6444	满足度	0.5185
				准确性	0.8333
		信息支撑能力	0.6667	信息化程度	0.8333
		行动调控能力	0.6429	可行性	0.7143

结论：当前样本方案下任务规划能力.准确性指标性能最好，任务规划能力.满足度指标性能最差，信息支撑能力.信息化程度指标性能最好，整体方案能力效果值为1.0609

图 6-35　能力评估分析结果示例